EINSTEIN

Robert Snedden

EINSTEIN

O QUE VOCÊ QUER SABER?

M.Books do Brasil Editora Ltda.

Rua Jorge Americano, 61 - Alto da Lapa
05083-130 - São Paulo - SP - Telefone: (11) 3645-0409
www.mbooks.com.br

Dados de Catalogação na Publicação

SNEDDEN, Robert.
Einstein/ Robert Sneeden.
São Paulo – 2022 – M.Books do Brasil Editora Ltda.

1. Einstein 2. Física 3. Ciência

ISBN: 978-65-5800-088-4

Do original: Think Like Einstein
Publicado originalmente pela Arcturus Publishing Limited

Editor: Milton Mira de Assumpção Filho

Tradução: Ariovaldo Griese
Produção editorial: Lucimara Leal
Editoração: 3Pontos Apoio Editorial Ltda
Capa: Isadora Mira

2022
M.Books do Brasil Editora Ltda.

SUMÁRIO

Quem Foi Albert Einstein?

"Não sei o que acontece já que ninguém me entende, mas, ao mesmo tempo, todo mundo gosta de mim."

Albert Einstein – de uma entrevista publicada pelo *New York Times*, em 12 de março de 1944.

Albert Einstein simbolizava para as pessoas tudo aquilo que um cientista deveria ser: tranquilamente dando pitadas num cachimbo enquanto meditava sobre questões que pareciam estar muito além da compreensão de meros mortais. Ele era um gênio e, sem sombra de dúvida, um dos maiores cientistas que já existiram. Mas ele tinha uma faceta muito humana também. Diz-se que em seus últimos anos de vida, quando morava em Princeton, Nova Jersey, crianças iam ao seu encontro e ele as entretinha abanando as próprias orelhas.

Seus primeiros anos

Einstein nasceu em 14 de março de 1879 em Ulm, Alemanha. Foi o primogênito do casal de judeus, Hermann e Pauline Einstein. Supostamente Albert teve dificuldades para aprender a falar, certas vezes causando irritação a seus pais. "Raramente penso em palavras", disse ele mais tarde. "Um pensamento vem à minha mente para eu eventualmente tentar traduzi-lo em palavras depois". Em junho de 1880, sua família se mudou para Munique, onde Hermann e seu irmão Jakob fundaram uma empresa de engenharia elétrica. A irmã de Einstein, Maja, nasceu em novembro de 1881. Ao vê-la pela primeira vez, Einstein exclamou: "OK, mas onde estão as rodas?"

Quando tinha por volta dos cinco anos, enquanto acamado, Albert ganhou de seu pai uma bússola para brincar. O menino ficou fascinado com ela e com as misteriosas forças invisíveis que faziam a agulha girar de um lado para outro. Mais tarde ele disse que aquilo o havia impressionado e marcado muito, tendo despertado sua curiosidade pelo mundo à sua volta.

Albert adorava quebra-cabeças e criar estruturas complexas com seus blocos de montar. Em 1885, sua mãe, exímia pianista, tomou providências para que Albert tivesse aulas de violino. Começou então uma paixão pela música que se

Albert com sua irmã mais nova, Maja, por volta de 1886.

estendeu por toda a sua vida e, logo, mãe e filho já faziam duetos com peças de Mozart. No mesmo ano iniciou seus estudos do ensino fundamental em uma escola católica de Munique. Geralmente ele era o primeiro da classe. Persiste uma história de que Einstein não era bom aluno de matemática, mas isso não é verdade. Quando isso lhe foi contado em 1935, Einstein riu e declarou jamais ter sido reprovado em matemática e que, em geral, era o primeiro ou segundo da classe na matéria. "Antes dos 15 anos, eu já sabia cálculo integral e diferencial".

Em junho de 1894, sua família se mudou para a Itália, deixando Albert (com 16 anos) em Munique para terminar os estudos. Einstein sentia falta da família e começou a sofrer de depressão. Ele obteve um atestado do médico da família mencionando problemas neurológicos e, assim, foi dispensado da escola. Na primavera de 1895 viajou para se juntar à família.

Cidadania suíça

Prestou exame de admissão para o politécnico de Zurique em outubro de 1895. Embora tivesse ido bem em matemática e ciências, não conseguiu ser aprovado, de modo que passou a frequentar a Kantonsschule na cidade de Aarau para estudar e ganhar a qualificação necessária para entrar no politécnico. Em janeiro de 1896, abdicou da cidadania alemã e, naquele outono, tendo passado nos exames, registrou-se como residente de Zurique. Tornou-se aluno do politécnico com o objetivo de se tornar professor de matemática e física. Posteriormente realizou o processo formal para obtenção da cidadania suíça que lhe foi concedida em 21 de fevereiro de 1901.

Após ter se formado em 1900, Einstein começou a procurar trabalho, candidatando-se, sem sucesso, a um cargo de professor assistente no politécnico e em outras universidades. Finalmente, em maio de 1901, conseguiu um emprego temporário como professor substituto por dois meses em um colégio de Winterthur. Depois disso conseguiu outro trabalho temporário em uma escola particular de Schaffhausen.

Lá escreveu sua tese de doutorado sobre a teoria cinética dos gases, mas esta não foi aceita. Em 1902, Einstein mudou-se para a capital da Suíça, Berna, na esperança de encontrar um trabalho no órgão de registro de patentes. Neste meio tempo, dava aulas particulares de matemática e física.

Em janeiro de 1902, Einstein teve uma filha, Lieserl, com Mileva Maric, que havia sido sua colega na época em que estudaram no politécnico de Zurique. A existência da filha ilegítima de Einstein somente veio à tona quando correspondências privadas onde ela era citada foram publicadas em 1986. Aparentemente, Einstein não havia contado a ninguém sobre a criança e parece que ele jamais a viu (a menina nasceu na casa da família de Maric, na Hungria).

Casamento com Mileva

Em 16 de junho de 1902, Einstein encontrou um trabalho como especialista técnico – classe III no órgão de registro de patentes em Berna, mas apenas a título experimental. No final de 1902, seu pai foi acometido de grave doença, em Milão; Einstein viajou de Berna para Milão para ficar ao seu lado. Acamado e prestes a morrer, o pai de Einstein finalmente consentiu o casamento do filho com Mileva; em 6 de janeiro de 1903, Einstein se casou com ela, com grande desaprovação de ambas as famílias. Em maio de 1904, nasce seu primeiro filho, Hans Albert, seguido do segundo, Eduard, em julho de 1910.

Einstein gostava do seu trabalho no registro de patentes. Levava o trabalho a sério, mas mesmo assim conseguia arranjar tempo e energia suficientes para prosseguir com suas pesquisas no campo da física. Anos depois, ao escrever para seu amigo Michele Besso, rememorou: "aqueles dias naquele monastério secular, onde concebia minhas ideias mais maravilhosas e onde passávamos tempos agradáveis juntos".

Em abril de 1905, Einstein submeteu sua tese de doutorado, "Uma Nova Determinação das Dimensões Moleculares", à universidade em Zurique. Esta foi aceita em julho e marcou o início de uma formidável torrente de ideias. Ninguém até então havia transformado a ciência de maneira tão profunda e em tão curto espaço de tempo como Albert Einstein o fez em 1905.

1905 – Ano miraculoso

A lista das realizações de Einstein em seu "ano miraculoso" é impressionante, constituindo-se numa importante colaboração para o conhecimento e literatura da ciência. Vale muito a pena ler estes trabalhos:

1. ***"Um Ponto de Vista Heurístico Concernente à Produção e Transformação da Luz"***, completado em 17 março. Este artigo sobre *quanta* de luz e o efeito fotoelétrico no final lhe rendeu o Prêmio Nobel de física e precede sua tese de PhD.

2. ***"Uma Nova Determinação das Dimensões Moleculares"***, completado em 30 de abril.
   Sua tese de doutorado se transformou neste artigo que foi citado com muita frequência na literatura científica moderna.

3. ***"Sobre o Movimento Exigido pela Teoria Cinética Molecular do Calor de Partículas Suspensas em Fluidos em Repouso"***, submetido à apreciação em 11 de maio. O artigo "Movimento Browniano" tem relação com sua tese.

4. ***"Da Eletrodinâmica dos Corpos Em Movimento"***, submetido à apreciação em 30 de junho. O primeiro artigo sobre a relatividade especial.

5. ***"A Inércia de um Corpo Depende do seu Conteúdo de Energia?"***, submetido à apreciação em 27 de setembro. Este segundo artigo sobre a relatividade especial, continha a famosa equação $E = mc^2$.

6. ***"Sobre a Teoria do Movimento Browniano"***, submetido à apreciação em 19 de dezembro. Uma continuação de seu artigo anterior sobre o "movimento browniano".

Em abril de 1906, Einstein foi promovido a especialista técnico - classe II no órgão de registro de patentes. Sua primeira tentativa de conseguir um cargo de professor na Universidade de Berna, em 1907, foi recusada. Entretanto, no início de 1908, foi bem-sucedido e deu sua primeira aula no final daquele mesmo ano. Decidido a dedicar sua vida à ciência, pede demissão no órgão de registro de patentes em outubro de 1909 e começa a trabalhar como professor adjunto de Física Teórica na Universidade de Zurique. Em 1911, foi lhe oferecida uma cadeira na Universidade Alemã de Praga, que ele aceitou, mas retornou à Suíça depois de um ano para assumir um cargo de professor no politécnico de Zurique.

Impressionado com o que Einstein havia realizado, o físico Max Planck (1858–1947) ofereceu-lhe um cargo de professor na Universidade de Berlim com o privilégio de não ter de assumir responsabilidade de dar aulas; isso fez com que se tornasse membro da Academia Prussiana de Ciências e chefe do Kaiser-Wilhelm-Institute of Physics. Tratava-se de uma proposta muito atraente para ser recusada. Einstein a aceita de forma entusiástica, levando a família para Berlim em abril de 1914.

Seu casamento não foi tão bem quanto sua carreira. Em julho de 1914, depois de poucos meses em Berlim, Mileva retorna a Zurique, levando as crianças consigo. Finalmente o casal se divorcia em fevereiro de 1919. De 1917 a 1920, Einstein, com a saúde abalada, foi assistido por sua prima Elsa Loewenthal, com quem se casou em 2 de junho de 1919. Elsa tinha duas filhas, Ilse e Margot, do seu primeiro matrimônio. Charlie Chaplin, que encontrou Elsa em 1931, a descreveu como "uma mulher de complexão robusta e de enorme vitalidade; ela realmente sentia prazer em ser a esposa daquele grande homem e não fazia questão alguma de ocultar o fato; o entusiasmo dela era cativante".

Entre 1909 e 1916, Einstein trabalhou arduamente na Teoria Geral da Relatividade, que foi finalmente publicada em março de 1916 com o título de "Os Fundamentos da Teoria Geral da Relatividade". Uma das consequências foi a previsão feita pela teoria de que a luz emitida por uma estrela distante seria defletida pelo campo gravitacional de um corpo de grande massa, como o Sol. Isso foi confirmado em 1919 pelo cientista britânico Arthur Eddington, que observou a deflexão da luz (prevista por Einstein) de estrelas próximas do Sol durante um eclipse total. J. J. Thomson, presidente da Royal Society, declarou: "o

Einstein em Nova York.

mais importante resultado relacionado com a teoria da gravitação desde os tempos de Newton... [este resultado] está entre os maiores feitos do pensamento humano".

Logo no início da Primeira Guerra Mundial, Einstein declarou publicamente seu apoio ao pacifismo, uma das preocupações que o afligiram ao longo de toda a sua vida. Viu-se então diante de uma reação hostil; o Chefe do Estado Maior do distrito militar de Berlim defendia a retirada dos pacifistas das ruas. Mas a Teoria Geral da Relatividade fez com que Einstein se tornasse uma celebridade – choviam convites e honrarias de todas as partes do mundo. Não obstante, ele e sua teoria também foram alvos do antissemitismo; até mesmo alguns cidadãos alemães vencedores do Prêmio Nobel eram hostis a ele e clamavam por uma "física alemã".

Einstein se viu terrivelmente afetado pela agitação reinante na Alemanha do início dos anos 1920. Em 1922, parte com Elsa em uma viagem de cinco meses ao exterior. "Vi com bons olhos a oportunidade de ausentar-me por um bom tempo da Alemanha", disse ele, "o que me poupou temporariamente de um perigo cada vez maior". Durante esta viagem recebeu notícias de que havia sido condecorado com o Prêmio Nobel.

De 1920 em diante, Einstein tentava formular uma teoria unificada dos campos, uma que unisse gravidade à eletrodinâmica. Foi uma busca que o manteria ocupado até sua morte e que, infelizmente, não conseguiu completar. Nesta época, Niels Bohr, Louis de Broglie, Werner Heisenberg, Wolfgang Pauli e outros físicos estabeleciam os fundamentos da nova física da mecânica quântica. Einstein não era capaz de aceitar as teorias da mecânica quântica e, constantemente, a desafiava. Hoje em dia, os princípios da mecânica quântica são tão aceitos quanto aqueles das teorias do próprio Einstein, embora a ciência ainda se veja diante do dificílimo problema de como conciliar as duas visões.

Em dezembro de 1932, Einstein e Elsa partiram para um giro de conferências nos Estados Unidos. Nas eleições alemãs de 1932, o Partido Nazista se tornou o mais forte do país e em janeiro de 1933 Hitler tomou o poder. A partir de então Einstein jamais voltaria para a Alemanha. Em maio de 1935, viajou para as Bermudas com sua esposa; seria a última viagem de Einstein fora dos Estados Unidos. Não muito depois, Elsa adoece e falece vítima de uma doença cardíaca em 20 de dezembro de 1936.

Em 1939, sua irmã Maja, que vivia na Itália, viu-se constrangida a escapar dos fascistas de Mussolini e veio morar com o irmão em Princeton, Nova Jersey. Com a Europa à beira de uma guerra, Einstein estava convencido de que cientistas na Alemanha estariam trabalhando na tecnologia para fabricação de uma bomba atômica. Em 2 de agosto de 1939, endereçou uma carta ao presidente dos Estados Unidos, Franklin D. Roosevelt, alertando-o para o perigo e incitando os Estados Unidos a partirem para o desenvolvimento de seu próprio programa nuclear.

Em 1° de outubro de 1940, Einstein torna-se cidadão norte-americano, embora mantivesse sua cidadania suíça. Em outubro de 1946, escreve uma carta aberta à Assembleia Geral da ONU, solicitando urgência na formação de um governo mundial; esta sua indelével crença era algo que ele via como a única maneira de se garantir uma paz duradoura.

Em agosto de 1948 falece, em Zurique, sua primeira esposa, Mileva Maric. Em dezembro daquele mesmo ano, Einstein passa por uma cirurgia abdominal. Em março de 1950, prepara seu testamento fazendo de sua secretária, Helen Dukas, e do Dr. Otto Nathan, seus cotestamenteiros. Helen Dukas vinha sendo secretária de Einstein desde abril de 1928 e, depois da morte de Elsa, tornou-se sua governanta. Ela permaneceu com Einstein até a morte dele.

Dukas dedicou-se à tarefa de organizar e catalogar os papéis de Einstein. Graças em grande parte ao seu trabalho, esses documentos agora podem ser encontrados no Albert Einstein Archive da Hebrew University, em Jerusalém. Em novembro de 1952, foi oferecida a Einstein a presidência de Israel, da qual declinou.

Em 11 de abril de 1955, escreve ao filósofo Bertrand Russell dizendo concordar em ser um dos signatários de um manifesto conclamando todas as nações a renunciarem às armas nucleares. Naquela mesma semana, em manuscrito não finalizado, Einstein registra a última frase que ficaria para a posteridade: "Paixões políticas que surgem de todos os lados, demandam suas vítimas". Em 15 de abril, ele foi levado para o hospital com fortes dores. Morre alguns dias depois, em 18 de abril de 1955, aos 76 anos de idade. Foi diagnosticado com a ruptura de um aneurisma na aorta abdominal.

Seguindo seu desejo, seus restos mortais foram cremados no mesmo dia e as cinzas espalhadas duas semanas depois em local não revelado.

Mais para o final de sua vida, Einstein ainda preservava o seu senso de curiosidade e contemplava o universo à sua volta. Escreve para um amigo dizendo:

"Pessoas como eu e você jamais envelhecem. Jamais perdemos aquele jeito de crianças curiosas diante do grande mistério da vida".

CAPÍTULO 1

O Universo Funciona como um Relógio?

Desde a Antiguidade, as pessoas, intrigadas, questionam sobre o funcionamento do universo.

A música das esferas

O grande pensador da Grécia Antiga, Platão, nascido por volta de 427 a.C., afirmou que o céu era perfeito e as estrelas e planetas moviam-se em "curvas perfeitas sobre sólidos perfeitos". Ele acreditava que estas esferas produziam música enquanto giravam – ideia que persistiria por vários séculos.

Entretanto, as esferas celestiais simplesmente não batiam com as evidências vistas por aqueles que observavam o firmamento. Um bocado de estrelas apresentava um comportamento estranho, parecendo se mover contra o plano de fundo de outras estrelas "fixas", chegando algumas vezes a retrocederem em suas trajetórias antes de prosseguirem no seu curso. Estas estrelas peculiares eram chamadas pelos gregos de "*asteres planetai*", ou seja, "estrelas errantes". Nós as conhecemos como planetas.

Os antigos gregos imaginavam inúmeros esquemas complexos para explicar o movimento planetário com esferas movendo-se dentro de esferas e essas, por sua vez, dentro de outras esferas, todas girando em direções ligeiramente diferentes. Por volta do ano 100 d.C., o astrônomo Ptolomeu propôs um mapa que mostrava um universo de esferas aninhadas tendo como centro o planeta Terra – ideia que em grande parte não foi contestada por 1.400 anos. Ela durou por tanto tempo porque parecia funcionar. O sistema de Ptolomeu fornecia previsões acuradas de onde os planetas iriam se encontrar num determinado momento.

Revoluções celestiais

Em 1543, a astronomia foi despertada de seu sono ptolomaico com a chegada de um livro extraordinário de Nicolau Copérnico chamado *De revolutionibus orbium coelestium* (Das

Revoluções das Esferas Celestiais). Em 1507, o astrônomo e matemático polonês Copérnico teve, basicamente, a mesma ideia que Aristarco havia tido há 1.800 anos: se o Sol se encontrasse no centro do universo e a Terra e os planetas orbitassem em torno dele, alguns dos enigmas do movimento planetário poderiam ser explicados. Marte, Júpiter e Saturno estariam mais distantes do Sol do que a Terra que, movimentando-se em sua órbita menor, algumas vezes os ultrapassava, fazendo com que eles, sob nosso ponto de vista, parecessem estar viajando no sentido contrário.

À FRENTE DO SEU TEMPO

Por volta de 260 a.C, o astrônomo Aristarco afirmou que o Sol, e não a Terra, era o centro do universo. Isso, dizia ele, explicava os movimentos dos planetas. As estrelas se encontravam infinitamente mais distantes e apenas pareciam se movimentar porque a Terra girava abaixo delas. As ideias proféticas de Aristarco foram consideradas rocambolescas pelos seus contemporâneos e foram, em grande parte, ignoradas.

Talvez esta não fosse, de forma previsível, uma sugestão popular, particularmente para a Igreja. Ninguém naquela época queria se indispor com a Igreja, já que as consequências de assim fazê-lo poderiam ser nefastas. O livro *Revoluções* foi publicado com uma introdução (acrescentada sem a aprovação de Copérnico) dizendo que tais ideias revolucionárias não precisavam ser consideradas como sendo verdadeiras. Em 1616, *Revoluções* foi colocado na

Nicolau Copérnico.

lista de obras banidas pela Igreja Católica, onde permaneceu até 1835.

A notícia do modelo copernicano se espalhou lentamente. Copérnico ainda acreditava que o universo fosse formado por esferas perfeitas, só que agora elas não mais tinham a Terra como centro. Então, no início do século XVII, observações meticulosas do astrônomo alemão Johannes Kepler o conduziram a uma conclusão sensacional. As órbitas dos planetas não eram círculos perfeitos, mas sim círculos achatados, ou elipses. Depois da descoberta das luas de Júpiter por Galileu, Kepler descobriu que também estas se movimentavam em órbitas elípticas em torno do planeta gigante.

Kepler enunciou suas três leis do movimento planetário; estas descreviam como os planetas se deslocavam, mas não por que eles se deslocavam assim. Ele tentou determinar que força poderia ser responsável pela movimentação dos planetas da forma como faziam. Kepler imaginou que o magnetismo poderia estar envolvido e que o Sol deveria ter alguma coisa a ver com isso, porém, não conseguiu chegar a uma explicação plausível. Esta não surgiria até 50 anos depois, com Isaac Newton e suas ideias sobre a gravidade.

Antes de Einstein, nosso entendimento das leis que governam o movimento dos objetos no espaço se baseava no trabalho do cientista britânico Isaac Newton (1643–1727). A famosa história de Newton debaixo de uma macieira é familiar a qualquer criança em idade escolar e talvez tenha perdido o seu impacto com o passar dos anos, porém, foi preciso uma mente singular para fazer a seguinte pergunta: "Por que a Lua não cai sobre a Terra como faz a maçã?" E foi preciso muita engenhosidade para se chegar à conclusão de que a Lua está de fato caindo.

A força universal

Newton sabia que qualquer teoria que ele engendrasse para descrever tanto o movimento das maçãs quanto o da Lua teria, ao mesmo tempo, que satisfazer as descobertas de Kepler. Em 1687, ele produziu o que foi considerado por muitos um dos maiores trabalhos da ciência já escritos. *Philosophiae Naturalis Principia Mathematica* (Princípios Matemáticos da Filosofia Natural), normalmente referida simplesmente como os Princípios, estabeleceram a visão newtoniana de um universo em que todos os eventos ocorrem em um pano de fundo de espaço infinito e em um tempo que flui harmoniosamente.

Baseado nos experimentos que Galileu realizou com objetos em movimento e nas observações dos planetas feitas por Kepler, Newton estabeleceu suas três leis do movimento e sua teoria da gravidade.

AS TRÊS LEIS DE NEWTON

1: Um objeto permanecerá em repouso ou continuará a se mover na mesma direção e à mesma velocidade a menos que sofra a atuação de uma força.

2: Uma força atuando sobre um objeto fará com que ele se mova na direção dessa força. A magnitude da mudança de velocidade ou direção dos objetos é dependente da intensidade da força e da massa dos objetos.

3: Para toda ação existe uma reação igual e oposta. Se um objeto exerce uma força sobre outro, uma força de mesma intensidade e em direção oposta será exercida pelo segundo objeto sobre o primeiro.

Newton determinou que entre dois objetos quaisquer sempre existe uma força gravitacional que exerce uma atração mútua entre eles. A intensidade da força depende da

Isaac Newton examinando a natureza da luz com a ajuda de um prisma.

massa de cada um dos objetos e da distância entre eles. A gravidade obedece à lei do inverso do quadrado da distância, o que significa que a magnitude da força diminui segundo o quadrado das distâncias. Consequentemente, se dobrarmos a distância entre dois objetos, a força que atrai uma a outra se reduz a um quarto do que era originalmente. Se quintuplicarmos a distância, a força se reduz a 1/25 do que era.

Através de três simples leis do movimento e da lei da gravidade, parece que Newton conseguiria explicar o movimento de todas as coisas do universo. Suas leis serviram para explicar as leis dos movimentos planetários de Kepler bem como a da queda das maçãs. Newton derivou suas leis a partir de três quantidades fundamentais que respaldam toda a ciência. São elas: tempo, massa e distância. Conhecendo-se o tempo que um objeto leva para percorrer uma determinada distância, é possível calcular sua velocidade (velocidade e direção). A massa nos dá a quantidade de matéria que o objeto contém e, consequentemente, quanta força será necessária para deslocá-lo. Multiplicando-se a massa pela velocidade obtemos o momento do objeto, indicando o quão difícil será parar o objeto uma vez em movimento. Mais tarde, Einstein iria revelar que todas essas três quantidades são relativas.

Tempo e espaço absolutos

De acordo com Newton, tempo e espaço eram absolutos; eles eram o palco em que o espetáculo do universo se desenro-

BALAS DE CANHÃO CÓSMICAS

Duas forças governam a trajetória de uma bala de canhão – a gravidade e a força que a propulsionou do canhão. O resultado dessas duas forças atuando na bala de canhão é ela seguir uma trajetória curva de volta para a Terra. Imagine que o canhão produzisse força suficiente para a trajetória de seu projétil coincidir com a curvatura da Terra. Agora ela viajaria em torno da Terra, sempre caindo em volta do planeta, mas jamais atingindo o solo. (Vamos assumir para o propósito de argumentação que não exista nenhuma resistência do ar para desacelerá-la.) A bala de canhão agora é um satélite em órbita. Este é exatamente o princípio que coloca satélites de verdade em órbita, só que usando foguetes poderosos em vez de um canhão para fornecer o movimento para frente. A Lua é como uma bala de canhão cósmica, perpetuamente caindo em torno da Terra em sua órbita.

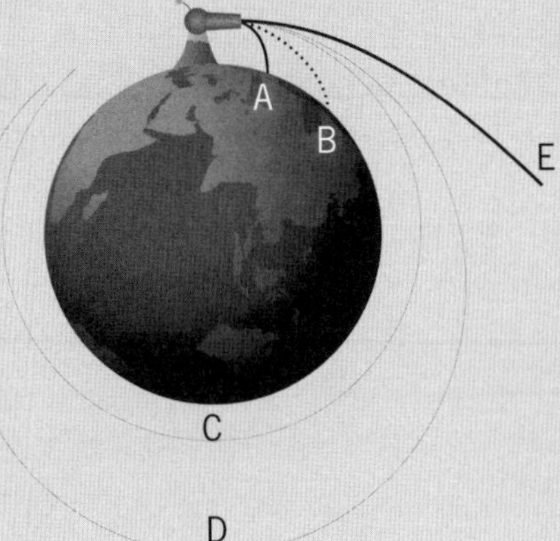

lava, permanecendo inalterados pelos eventos. Newton pensava nas medidas cotidianas da passagem do tempo – hora, mês e ano – simplesmente como tempo comum. Embora úteis, elas não deviam ser confundidas como o tempo "verdadeiro", ou "absoluto", como Newton o chamava. O tempo absoluto, assim acreditava, era completamente separado do espaço e independente dos eventos. O tempo absoluto corria num mesmo ritmo constante ao longo de todo o universo. Um segundo para você deve ser exatamente o mesmo segundo para mim, não importa onde estejamos no universo nem o que estejamos fazendo.

Newton também acreditava na ideia de espaço absoluto. Ele acreditava que seria possível afirmar a posição absoluta de um objeto em um espaço absoluto, de forma bem parecida a cobrir o universo com um papel milimetrado tridimensional e registrar as posições de tudo nele. Porém, não é mais possível se dizer o que é o espaço absoluto, como acontece com a definição de tempo absoluto.

As leis de Newton não foram contestadas por mais de 200 anos. Para o dia a dia, elas ainda continuam sendo uma excelente forma de se calcular o movimento de um objeto e como ele é afetado pela gravidade. Mas Newton deixou de explicar o que causava a gravidade. Foi aí que Einstein entra em cena e sugere algo que deixaria atônito até o próprio Newton.

CAPÍTULO 2

O que É a Luz?

A natureza da luz fundamenta grande parte do trabalho de Albert Einstein.

Por séculos as pessoas tentaram explicar os diversos fenômenos associados à luz. O filósofo da Grécia Antiga, Pitágoras, acreditava que a visão era semelhante a um tato delicadíssimo, com os olhos produzindo raios invisíveis através dos quais poderia perceber objetos. Outro pensador grego, Demócrito, acreditava que os objetos emitiam imagens deles mesmos continuamente, que eram por nós percebidas.

O ponto fraco dessas duas ideias era que se esse fosse o caso, por que então não é possível para os seres humanos enxergar bem à noite? Platão apresentou a ideia de que a luz interna dos olhos tinha que se mesclar à luz do Sol antes de podermos ver qualquer coisa. Aristóteles sugeriu que só conseguiríamos enxergar coisas caso fôssemos iluminados, mas este conceito foi refutado, alegando-se que era simples demais!

Pitágoras, matemático e filósofo do séc. VI a.C.

Ondas ou partículas?

Seja lá qual fosse a origem da luz em que acreditavam, os gregos antigos tinham visões antagônicas concernentes à sua natureza. A primeira é de que a luz fosse uma perturbação no éter, que era uma substância invisível e imperceptível que preenchia o espaço. Aristóteles pensava que a luz fosse uma onda que se propagava pelo éter como uma onda oceânica se propagando pela água. Outra visão defendia que a luz era um fluxo de minúsculas partículas, tão pequenas e que se deslocavam tão rapidamente, que não podiam ser percebidas individualmente. Tanto Platão quanto Aristóteles se opunham à teoria de partículas, de modo que, nos 2.000 anos seguintes, havia uma aceitação geral de que a luz se propaga em ondas.

Fiat lux

Finalmente, o físico árabe Alhazen (965-1038) lançou por terra a ideia de que feixes de luz emanavam dos olhos. Segundo ele, enxergamos as coisas seja por elas refletirem luz de alguma fonte luminosa, ou então por elas próprias serem uma fonte luminosa, seja ela uma vela ou o Sol.

O estudioso inglês Robert Grosseteste (*c.*1168-1253) leu o trabalho de Alhazen e realizou alguns experimentos por conta própria. Ele acreditava que todo o universo havia se formado a partir da luz, que foi a primeira de todas as coisas a ser criada, expandindo-se de um ponto único em uma esfera que continha dentro de si todas as outras coisas. Este conceito surpreendentemente sofisticado tinha paralelos óbvios com nosso pensamento atual de como se formou o universo.

Partículas ou ondas?

Além de seu trabalho sobre movimento e gravidade, Isaac Newton também era fascinado pela luz. Realizou muitos experimentos e tinha ideias próprias sobre sua natureza. Ele demonstrou que a luz branca pode ser subdividida em um arco-íris de cores – um espectro – fazendo-a passar por um prisma. Notou que a luz se propaga em linhas retas e que as sombras possuem cantos vivos. Para Newton parecia óbvio que a luz fosse um fluxo de partículas e não uma onda.

REFRATA-A, COMO FEZ BACON

Roger Bacon (c.1220-92) foi um monge inglês e um dos pupilos de Grosseteste. Sentia o mesmo entusiasmo pelo estudo da luz que o seu mestre. Algumas pessoas acreditam que Bacon foi o primeiro cientista moderno, já que dava grande ênfase na importância de se realizar experimentos. Alguns desses experimentos envolviam a refração e o ajuste do foco da luz fazendo-a passar por lentes. Bacon foi o primeiro a sugerir óculos para pessoas com visão ruim.

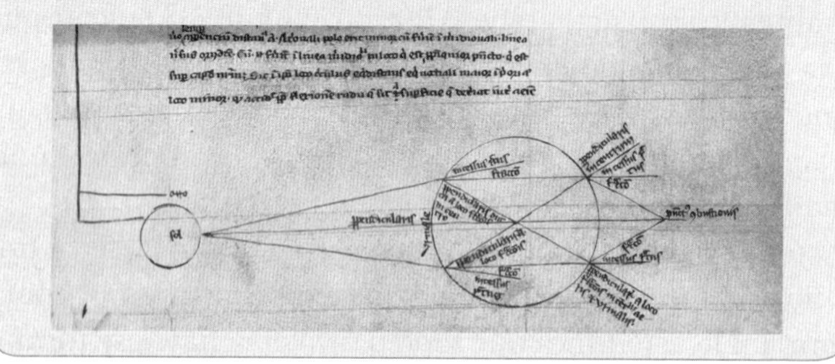

O polímata e físico britânico Thomas Young (1773-1829) era um homem de intelecto tão formidável que seus colegas de curso na Universidade de Cambridge o apelidaram de "Fenômeno". Ele tinha diferentes ideias sobre a luz e decidiu atacar experimentalmente o problema onda/partícula. Teorizou que se o comprimento de onda da luz fosse suficientemente reduzido então ela parecia se propagar em linhas retas, como se fossem um fluxo de partículas. Em 1803, realizou um experimento gracioso em sua elegância e simplicidade.

Começou fazendo um pequeno orifício em uma persiana, que lhe proporcionou uma fonte de luz pontual. Em seguida, pegou um pedaço de madeira e fez dois pequeníssimos orifícios nele, próximos um do outro. Posicionou sua tábua de modo que a luz passando pelo orifício da persiana passaria através dos pequeníssimos orifícios e atingiria um anteparo. Se Newton estivesse certo, e a luz fosse um fluxo de partículas, então existiriam dois pontos de luz no anteparo onde as partículas atravessaram os pequeníssimos orifícios. Bem, mas o que Young observou? Em vez de dois pontos de luz discretos, viu uma série de faixas curvadas e coloridas separadas por linhas escuras, exatamente como seria de se esperar caso a luz fosse uma onda.

Dizendo adeus às partículas. . . por enquanto

Dois anos antes, em 1801, Young havia descrito um efeito chamado "interferência". Se duas ondas se encontrassem, elas não ricocheteariam afastando-se uma da outra da mesma forma que duas bolas de sinuca; em vez disso parece que elas passam direto através uma da outra. Observe as gotas de chuva caindo sobre a superfície de uma lagoa e veja como uma série de pequenas ondas se espalha; estas se encontram e continuam a seguir à medida que cruzam entre si.

No lugar em que as ondas cruzam, elas se combinam entre si. Se o pico de uma onda encontrar o pico de outra, eles se somam, gerando um pico maior; dois vales criam um vale mais profundo e um vale e um pico cancelam um ao outro. O resultado era um padrão de interferência que mostrava onde as ondas estavam se somando ou se cancelando. E foi isso que Young tinha observado em seu anteparo.

Infelizmente, era inaceitável contradizer o grande Isaac Newton, e os achados de Young não foram bem recebidos. Mas ainda persistia a questão: O que realmente era a luz? E se fosse uma onda, como ela se deslocaria pelo espaço? O embrião de uma resposta veio do estudo de uma força aparentemente não relacionada – a eletricidade.

Segredos do eletromagnetismo

À medida que o século XIX avançava, os cientistas ganhavam um conhecimento cada vez maior sobre a eletricidade. Entre suas descobertas estava o estreito relacionamento entre eletricidade e magnetismo.

Em 1820, o físico dinamarquês Hans Christian Øersted descobriu que um fio conduzindo corrente elétrica iria defletir a agulha de uma bússola. O cientista francês André-Marie Ampère (que emprestou o seu nome à unidade de medida ampere) realizou mais experimentos. Descobriu que se ele colocasse dois fios próximos um do outro, ambos conduzindo corrente elétrica, acontecia uma de duas coisas. Se a corrente estivesse fluindo na mesma direção em cada fio, os fios se afastavam. Se a corrente estivesse fluindo em direções opostas, os fios se aproximavam. Eles estavam, em outras palavras, se comportando exatamente como ímãs.

Indução eletromagnética

No curso de centenas de experimentos realizados no século XIX, o cientista inglês Michael Faraday (1791-1867) descobriu que da mesma forma que a corrente elétrica produzia magnetismo, do mesmo modo um ímã se movimentando através de uma bobina de fios gerava eletricidade. O ímã tinha de estar se movendo – caso estivesse estacionário nada acontecia. As correntes elétricas produziam campos magnéticos e os ímãs em movimento produziam correntes elétricas,

André-Marie Ampère

processo que hoje é chamado de indução eletromagnética. Que o magnetismo e a eletricidade estavam relacionados de forma fundamental não poderia mais ser colocado em dúvida. Nosso mundo seria um mundo bem diferente caso essa descoberta não tivesse ocorrido. Ela é o princípio por trás de toda a eletricidade gerada nas centrais elétricas de todo o mundo e o que governa todos os incontáveis motores elétricos que usamos.

O efeito Faraday

Faraday estava convencido de que existia uma ligação entre eletricidade, magnetismo e luz. Em 1845, ele realizou um experimento no sótão do Royal Institution, de Londres, e descobriu que poderia afetar a polarização de um feixe de luz usando um eletroímã. Isso demonstrava que a luz de fato tinha propriedades magnéticas. Faraday escreveu em seu caderno de anotações: “Finalmente fui bem-sucedido em... magnetizar um raio de luz”. Essa demonstração do que hoje é chamado “efeito Faraday” serviu de trampolim para que ele desenvolvesse sua teoria do campo eletromagnético que, por sua vez, iria influenciar o trabalho do físico e matemático escocês James Clerk Maxwell (1831-79) e, mais tarde, Albert Einstein.

Campos e forças

Faraday queria explicar como um ímã poderia induzir uma corrente elétrica em um fio sem chegar a ter contato físico com ele. Para tanto, ele concebeu a ideia de um campo eletromagnético. Ele viu as linhas de força, que chamou de “linhas de fluxo”, estendendo-se invisivelmente através de todo o espaço. É fácil tornar todas estas linhas visíveis – basta colocar um ímã debaixo de uma folha de papel e espalhar algumas limalhas de ferro sobre ela. Os padrões formados pelas limalhas revelam as linhas de força magnéticas. De acordo com a teoria de campo de Faraday, o ímã não era o centro da força magnética, mas concentrava a força através dele. A força magnética não se encontrava no ímã, mas sim em um campo magnético no espaço em torno dele.

No sentido de um melhor entendimento

Cerca de 20 anos depois que Faraday propôs sua teoria do campo, a ideia foi pega por James Clerk Maxwell, que decidiu expressar as ideias de Faraday matematicamente. Mais tarde Einstein viria a descrever o trabalho de Maxwell sobre eletromagnetismo como "o trabalho mais profundo e mais frutífero que a física viveu desde Newton".

Em quatro equações, Maxwell detalhou os fenômenos elétricos e magnéticos observados e registrados por Faraday e outros pesquisadores. As equações de Maxwell descreviam como cargas e correntes elétricas criam campos de força elétricos e magnéticos. Elas demonstraram como um campo elétrico é capaz de gerar um campo magnético, e vice-versa. Maxwell também propôs a existência de ondas eletromagnéticas, capaz de se propagarem por grandes distâncias através do espaço vazio. Sua terceira e quarta equações descreviam a maneira através da qual campos circulam em torno de suas respectivas fontes. Imagine uma onda eletromagnética como duas ondas de campo (uma elétrica e a outra magnética) se deslocando na mesma direção, mas perpendiculares entre si. Ambos os campos oscilam e se mantém em sincronia entre si à medida que a onda avança. Maxwell observou que eletricidade e magnetismo sempre estavam interligados – era impossível ter um sem ter o outro.

Ele usou suas equações para calcular a velocidade de uma onda eletromagnética. A resposta que ele obteve foi 299.792.458 metros por segundo (m/s). Isso confirmou aquilo que experimentos haviam mostrado ser a velocidade da luz. Maxwell pensava que, possivelmente, isso não era uma coincidência e afirmou que a luz em si era uma onda eletromagnética.

O ESPECTRO ELETROMAGNÉTICO

Maxwell previu que deveria haver toda uma gama, ou espectro, de ondas eletromagnéticas e, então, ele provou isso. A luz infravermelha e ultravioleta, invisíveis ao olho humano, já haviam sido descobertas em ambas as extremidades do espectro visível e possuíam as mesmas propriedades daquelas de ondas como as da luz visível. Depois da morte de Maxwell, a descoberta das ondas longas de rádio e raios X de comprimento de onda ultracurto e os raios gama estenderam ainda mais o espectro.

CAPÍTULO 3

Como a Luz se Desloca através do Espaço?

Se a luz é uma onda, como ela se desloca através do vácuo?

As ondas precisam de um meio para se propagar. Podemos produzir ondas na água de uma piscina movimentando os braços para cima e para baixo; se batermos palmas com as mãos, podemos enviar uma onda sonora através do ar. Mas como a luz do Sol se desloca de lá até aqui? Na visão de James Clerk Maxwell e seus contemporâneos, a luz também teria de se deslocar através de um meio. Eles o chamaram de "éter".

Uma "substância-fantasma"

O éter parecia ser imperceptível e, aparentemente, não oferecia resistência alguma a planetas ou qualquer outro objeto que o atravessasse. Aparentemente a luz passava incólume por ele e não conseguia iluminar o éter de jeito algum. Mesmo assim o éter deve preencher todo o espaço, já que a luz das estrelas nos atinge provenientes de todas as direções. Portanto, o que era esta "substância-fantasma" que ocupava todo o universo?

Os engenhosos cientistas do século XIX tentaram encontrar uma maneira de identificar o elusivo éter. Em particular, dois dedicados pesquisadores americanos, Albert Michelson e Edward Morley, começaram a empreender uma série experimentos precisos para demonstrar os efeitos do éter sobre a luz que o permeava.

Contrário ao vento

À medida que a Terra se desloca em sua órbita ao redor do Sol, o fluxo do éter através da superfície terrestre poderia (acreditava-se nisto) produzir um "vento etéreo". Um feixe de luz atravessando o éter deveria se deslocar mais rapidamente caso estivesse se movimentando a favor do vento e mais lentamente caso estivesse contra o vento. O objetivo do crucial experimento de Michelson e Morley, realizado em 1887, era o de medir a velocidade da luz em diferentes direções e, através deste método, determinar a velocidade do éter em relação à Terra.

Para realizar as medições, Michelson projetou um aparelho chamado interferômetro. Este enviava o feixe a partir de uma fonte de luz através de um espelho semiprateado, que dividia a luz em dois feixes que se propagavam a 90º entre si. Os feixes eram então refletidos de volta para o meio deste por dois outros espelhos. Os feixes recombinados produziam um padrão de interferência que podia ser observado através de um ocular. Qualquer variação no tempo que leva para os feixes se propagarem entre os espelhos poderia ser vista como uma mudança no padrão de interferência. O interferômetro flutuava em uma cuba com mercúrio, permitindo que ele fosse girado lentamente. Se a teoria do éter estivesse correta, a velocidade dos feixes de luz mudaria à medida que suas direções fossem alteradas em relação à direção da órbita terrestre.

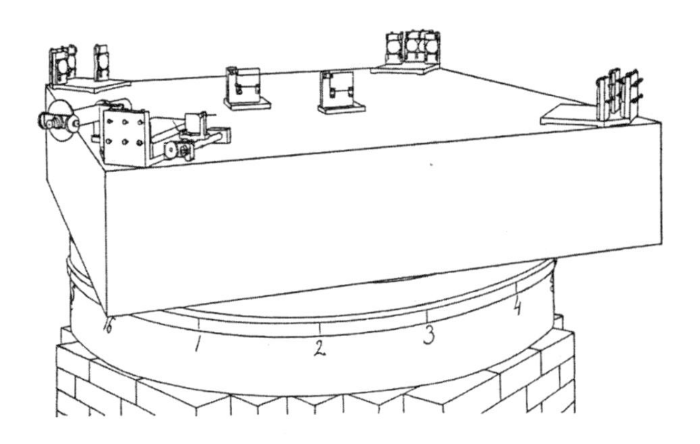

O interferômetro de Michelson.

Michelson e Morley descobriram que não fazia a mínima diferença o quanto eles girassem o aparelho. E também não importava a que horas do dia eles fizessem as medições. A velocidade dos fluxos de luz era sempre a mesma. Parecia então que o éter não existia.

Em busca de uma explicação

O mundo da física foi abalado por não se ter conseguido encontrar evidências para a existência do éter. Ninguém duvidava da confiabilidade do experimento, porém, relutava-se em aceitar o seu resultado. Os físicos buscavam encontrar uma maneira de explicar os achados e continuarem a corroborar a existência do éter. Michelson ficou perplexo com os resultados. Ele repetiu o experimento, chegando ao extremo de realizá-lo no topo de uma montanha, porém, a velocidade da luz permanecia a mesma – não havia o mínimo indício de que o éter existisse.

Michelson chegou até a imaginar que talvez isso acontecesse pelo fato de o éter grudar-se à Terra e ser arrastado lentamente com ela.

A contração de Lorentz–FitzGerald

Trabalhando de forma independente, o físico holandês Hendrick Lorentz e o físico irlandês George FitzGerald chegaram à mesma solução. Em 1889, FitzGerald publicou um pequeno artigo científico em que propunha que os resultados do experimento de Michelson–Morley poderiam ser explicados apenas se os objetos sofressem uma redução de comprimento à medida que atravessassem o éter.

A redução do comprimento sugerida era infinitesimal, chegando apenas a poucos centímetros para um objeto do tamanho da Terra, mas seria suficiente para explicar os resultados. Alguns anos depois, um funcionário de um órgão de registro de patentes suíço demonstrou que toda a ideia do éter era simplesmente desnecessária. Albert Einstein sugeriu que tudo que era preciso era abandonar o conceito de tempo absoluto.

COMO AS ONDAS ELETROMAGNÉTICAS SE DESLOCAM PELO ESPAÇO?

Uma onda eletromagnética é produzida por mudanças nos campos elétrico e magnético. Conforme demonstrado por Faraday e outros, um campo elétrico variável produz um campo magnético variável, e vice-versa. Uma onda eletromagnética se propaga por si só e não precisa de um meio para percorrer. Diferentemente de uma onda oceânica que desloca moléculas d'água à medida que passa por elas, uma onda eletromagnética não desloca nada no espaço. Poderíamos pensar numa onda eletromagnética como uma perturbação transportadora de energia atravessando invisivelmente o espaço, até ela interagir com matéria.

CAPÍTULO 4

O que É o *Quantum?*

Ideia radical de Max Planck – o *quantum* – transformou a física e estabeleceu as bases para a própria teoria de Einstein.

Se aquecermos suficientemente uma barra de metal ela começa a se tornar incandescente – ficando com uma coloração vermelho vivo. Se aumentarmos o calor ela fica amarela e, finalmente, branca avermelhada, emitindo luz em todos os comprimentos de onda do espectro. Por que isso acontece? Por que o aumento de temperatura faz com que sejam produzidas ondas eletromagnéticas?

Radiação de corpo negro

Todo objeto emite radiação eletromagnética, chamada "radiação de corpo negro", o tempo todo; a quantidade de radiação depende da temperatura do objeto. Corpo negro é simplesmente algo que absorve a radiação eletromagnética que o atinge e que depois a irradia para fora novamente, em grande parte na forma de radiação infravermelha que detectamos na forma de calor. Quanto mais quente um objeto, mais energética é a radiação de corpo negro por ele emitida. Se estiver suficientemente quente, ele irá absorver toda a radiação de corpo negro na forma de luz e ondas eletromagnéticas de frequência mais alta.

Este era um problema para os físicos clássicos e seu entendimento de como funcionavam as ondas eletromagnéticas. Fazia sentido que a luz se tornasse mais brilhante, mas por que ela mudaria de cor?

Teoricamente, um corpo negro ideal absorveria e emitiria radiação em todas as frequências, porém, nada no mundo real é ideal. Todos os objetos do universo estão trocando radiação eletromagnética com algum outro o tempo todo. É por isso que nada resfriará até atingir o zero absoluto, teoricamente a temperatura mais baixa possível em que uma substância não transmite nenhuma energia.

É uma catástrofe!

Quando os físicos do final do século XIX tentaram explicar suas observações da radiação de corpo negro, acabaram se deparando com um problema. De acordo com as leis da física, do modo como eram entendidas na época, um corpo quente deveria emitir radiação em todas as frequências, inclusive raios gama e raios X de comprimento de onda curto, bem como comprimentos de onda mais longos, como as ondas de rádio. Já que não há limite superior nas altas frequências e, consequentemente, como existe um número muito maior de frequências mais altas do que aquelas mais baixas, isso significaria um número infinito de ondas sendo geradas, todas elas transportando energia. Esse fato acabou sendo conhecido como catástrofe ultravioleta.

Deveria haver alguma falha nos conceitos de termodinâmica e eletromagnetismo, mas qual seria ela? Ninguém conseguia dar uma resposta. Então o físico alemão Max Planck propôs uma solução radical e estupenda que viria a transformar a física.

No universo quântico

Em 19 de outubro de 1900, Planck deu uma palestra na Sociedade de Física Alemã que anunciava o início de uma nova era para a física. Ele sugeriu que em vez de uma quantidade contínua e infinitamente variável como uma onda, a energia vinha em pacotes. Ele chamou esses pacotes de *quanta* (o plural de *quantum*) proveniente do latim e significando "quanto" ou "quantos". Um *quantum* foi definido como a quantidade mínima de qualquer propriedade física envolvida em uma interação.

De acordo com Planck, a energia não só poderia ser emitida ou absorvida em múltiplos inteiros de *quantum*, como também cada *quantum* tinha seu próprio comprimento de onda e frequência correspondentes. Isso explicava por que um corpo negro não emitiria radiação de forma homogênea por todo o espectro eletromagnético.

Evitou-se a catástrofe ultravioleta pelo fato de mesmo havendo muito mais frequências altas do que baixas, seriam necessárias quantidades cada vez maiores de energia para alcançá-las. Um *quantum* de luz violeta, por exemplo, tinha o dobro da frequência e, consequentemente, o dobro da energia de um *quantum* de luz vermelha.

À medida que se aquecem, os objetos avançam no espectro, de infravermelho a vermelho, laranja, azul e branco avermelhado, porque o aumento de temperatura significa que suas partículas constituintes estão se tornando mais energéticas. Esse aumento de energia é o que permite a formação de *quanta* de frequência mais alta. Planck sugeriu que a energia de um *quantum* estava relacionada com sua frequência. Ele usou a fórmula $E = \hbar v$, onde E é igual à energia, $\hbar$ é igual a um valor e v é igual à frequência – isto é conhecido como constante de Planck. A energia de um *quantum* de radiação pode ser calculada multiplicando-se sua frequência pela constante de Planck. Usando sua fórmula, Planck podia prever de forma precisa a quantidade total de energia em um forno a qualquer temperatura dada.

Não havia dúvida nenhuma de que a solução de Planck funcionava; o que a teoria previa estava de acordo com o que foi encontrado experimentalmente. Mas Planck pensava que sua própria explicação era improvável já que ela contradizia tudo o que lhe havia sido ensinado. Mesmo assim, ele a aceitou como uma solução conveniente para aquilo que acontecia quando a matéria absorvia ou emitia energia, muito embora ele fosse incapaz de dar uma boa razão para ela ser verdade.

Alguns anos depois, Albert Einstein reinterpretou a hipótese de Planck e aprofundou a teoria.

O QUE É UMA CONSTANTE?

Na física, certas quantidades fundamentais parecem permanecer as mesmas independentemente das condições. Estas são chamadas de "constantes físicas". Entre elas temos a constante de Planck, h, vinculando energia e frequência em um *quantum*; c, a velocidade da luz e G, a constante gravitacional. Acredita-se que as constantes físicas continuam válidas em qualquer circunstância e não mudam.

Enquanto Planck apresentava sua teoria, Albert Einstein, então com 21 anos de idade, trabalhava como tutor de matemática e redigia um artigo sobre o efeito capilar. Mais tarde ele relatou sua reação à teoria de Planck: "É como se tivéssemos perdido o chão, sem nenhum fundamento firme ao qual nos apoiarmos". Planck e Einstein passaram um bom tempo juntos, trocando ideias durante muitos anos. Quando Planck morreu em 1947, Max Born comentou: "É difícil imaginar dois homens com posturas tão diferentes diante da vida... Contudo, o que importam todas essas diferenças em vista do que eles tinham em comum – o fascinante interesse pelos segredos da natureza".

DISPARANDO FÓTONS

Quando átomos absorvem energia suficiente, os elétrons em torno do núcleo do átomo podem saltar para órbitas mais altas. Quando um elétron volta para sua órbita original ele libera um fóton – um *quantum* de energia eletromagnética. A quantidade de energia no fóton depende da distância percorrida pelo elétron para retornar à sua órbita original. Quanto mais afastado do núcleo um elétron for lançado, maior será a energia do fóton que é liberado.

CAPÍTULO 5

O que É Efeito Fotoelétrico?

Einstein pegou a teoria quântica de Planck e a usou para explicar um enigmático fenômeno.

Outro curioso aspecto das radiações – o "efeito fotoelétrico" – precisava de uma explicação. Já se sabia que se um feixe de luz fosse direcionado em certos tipos de metais, seriam emitidos elétrons. É isso que respalda a eletricidade obtida através da energia solar.

Inicialmente parecia que o efeito poderia ser explicado em termos de eletromagnetismo. Supunha-se que o campo elétrico, parte da onda eletromagnética dava aos elétrons a energia que precisavam para se liberarem do metal. Mas logo se tornou evidente que não seria apenas isso.

A energia liberada dos elétrons dependia da frequência da luz – não de sua intensidade. Parecia lógico que uma luz mais intensa devesse ter mais energia e, consequentemente, produziria elétrons mais energéticos, porém, independentemente de quão brilhante fosse a luz usada, os elétrons emergentes continuavam a ter o mesmo nível de energia. Apenas deslocando-se a frequência da luz para cima, de vermelho para violeta e depois ultravioleta, que seriam emitidos elétrons com mais energia. Uma luz mais brilhante produzia mais elétrons, mas em termos de energia essa permanecia igual. Se a luz fosse de uma frequência suficientemente baixa, não eram emitidos elétrons, mesmo se a luz tivesse um brilho cegante. A teoria ondulatória da luz não conseguiu explicar essas descobertas.

Quanta de luz

Einstein estava intrigado com o fenômeno. Em 1904, escreveu para um amigo dizendo que havia "encontrado, de uma forma muito mais simples, a relação entre o tamanho de *quanta* elementares de matéria e os comprimentos de onda das radiações". Em artigo que publicou no periódico

Annalen der Physik (Anais da Física), em março de 1905, Einstein pegou as descobertas dos experimentos sobre o efeito fotoelétrico e as combinou com a teoria de Planck, produzindo um resultado que mais à frente o levou a ganhar o Prêmio Nobel de 1921.

Descrevendo a luz como pacotes de energia, Einstein escreveu: "Quando a luz é propagada a partir de um ponto, ela não é distribuída de forma contínua sobre um espaço crescente, mas consiste em um número finito de *quanta* de energia que se localizam em pontos no espaço e que podem ser produzidos e absorvidos apenas como unidades completas". O biógrafo de Einstein, Walter Isaacson, descreveu essa como "talvez sendo a sentença mais revolucionária que Einstein já escreveu".

A abordagem de Einstein era simples, mas convincente. Ele comparou as fórmulas que descreviam como se comportavam as partículas em um gás à medida que seu volume mudava com aquelas que descreviam mudanças similares quando a radiação se propaga pelo espaço. Ele constatou que

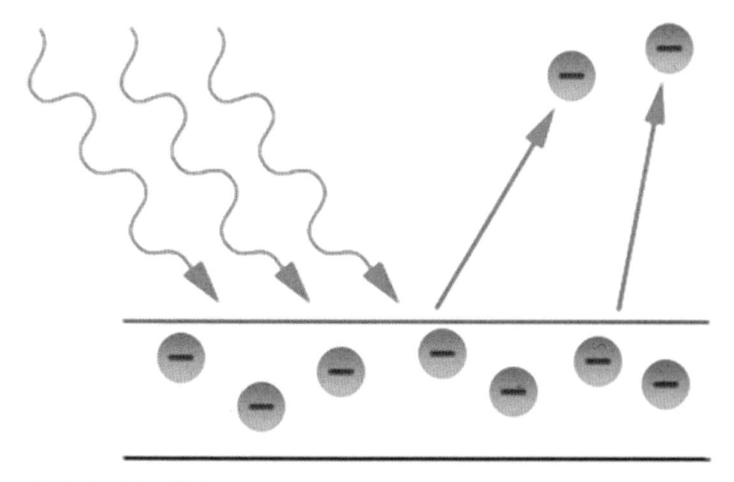

O efeito fotoelétrico.

ambas obedeciam às mesmas regras. A matemática por trás do comportamento do gás era a mesma para o da radiação. Isso permitiu a Einstein calcular qual seria a energia de um *quantum* de luz para uma dada frequência – os resultados que ele obteve estavam de acordo com as descobertas de Planck.

Explicação sobre o efeito fotoelétrico

Einstein demonstrou então como a existência de *quanta* de luz explicava o efeito fotoelétrico. Conforme Planck havia demonstrado, a energia de um *quantum* era determinada multiplicando-se sua frequência pela constante de Planck. Se um único *quantum* tivesse de transferir toda a sua energia para um único elétron, então a energia do elétron emitido seria igual àquela do *quantum*. O aumento da intensidade da luz produziria mais elétrons, porém, nao aumentaria sua energia. Isso estava de acordo com observações feitas em laboratório do efeito fotoelétrico.

A realidade do *quantum*

No que tange a Planck, o *quantum* não passava de um artifício matemático que usara para fazer com que as equações dessem certo. Mas para Einstein tratava-se de uma realidade física, uma característica do universo como ele realmente era. Por volta de 1916, experimentos confirmaram que Einstein estava certo e que os cientistas teriam de repensar suas ideias sobre a natureza da luz.

Durante os vinte anos seguintes, Einstein se esforçou arduamente, mas sem sucesso, em sua tentativa de resolver o paradoxo da natureza dual da luz. Mais para o final da vida, em 1951, escreve em uma carta ao seu amigo Michele

A ESTRANHEZA DO QUANTUM

Thomas Young demonstrou que a luz era uma onda mostrando como a luz passando através de duas fendas bem próximas entre si formava padrões de interferência. Mas supondo-se que a luz seja um fluxo de partículas, o que aconteceria se emitíssemos apenas um *quantum* por vez em direção às fendas? Poderíamos imaginar que os padrões de interferência seriam substituídos por duas faixas brilhantes alinhadas com as fendas. Porém, fantasmagoricamente, mesmo se dispararmos um fóton por segundo, os padrões de interferência ainda se formam. Mesmo se fótons subsequentes forem disparados depois dos anteriores terem atingido o anteparo, eles, de alguma maneira, "sabem" para onde ir de modo a construírem o padrão de interferência! Como isso funciona? Conforme disse o grande físico Richard Feynman: "Muitos entendiam a teoria da relatividade de uma maneira ou de outra... Por outro lado, posso seguramente afirmar que ninguém entende a mecânica quântica".

Richard Feynman.

Besso que cinquenta anos de investigação não foram suficientes para que ele se aproximasse de encontrar uma resposta para a pergunta: "O que são os *quanta* de luz?". "Hoje em dia todo mundo imagina que saiba a resposta", escreveu Einstein, "mas estão enganados... Ninguém realmente sabe exatamente o que é a luz!"

A dualidade onda-partícula

O que se tornou aparente foi que, por mais bizarro e inconcebível possa ser, tanto a teoria ondulatória quanto a teoria das partículas da luz estão corretas. O fato de a luz ser uma onda ou uma partícula parece depender de como encaramos o problema. Tudo o que podemos fazer é descrever como a luz se comporta em diferentes condições – algumas vezes ela se comporta como uma onda e outras como um fluxo de partículas. Outras vezes ela parece ser as duas coisas ao mesmo tempo. Não temos um modelo único para descrever a luz em todos os seus aspectos. É fácil dizer que a luz tem "dualidade onda-partícula" e deixar por isso mesmo, mas o que isso realmente significa ninguém consegue responder satisfatoriamente.

CAPÍTULO 6

Como Einstein Provou que os Átomos Existem?

No início do século XX cientistas ainda discutiam se átomos e moléculas existiam. Einstein fez uso do trabalho de um botânico escocês e demonstrou que estes realmente existiam.

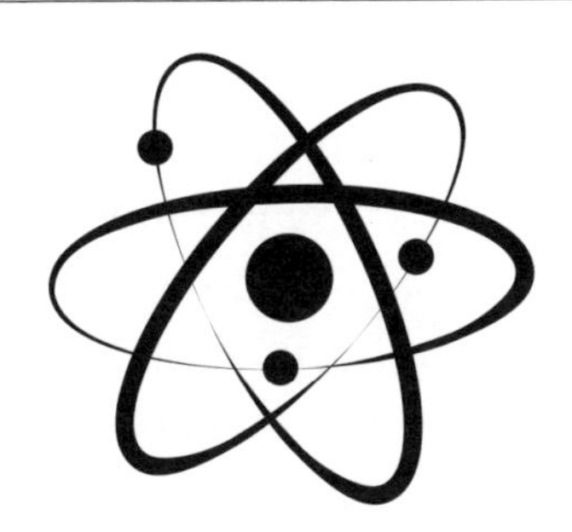

Em maio de 1905, o *Annalen der Physik* recebeu outro artigo de Einstein. O tema, desta vez – a teoria cinética dos gases – se fundamentava na física clássica, porém Einstein a usaria para, pela primeira vez, estabelecer que átomos e moléculas eram uma realidade física.

Que caminho estamos tomando?

Anteriormente vimos as leis de Newton (Dinâmica), que nos permitem calcular a trajetória de uma sonda espacial para acompanhar a trajetória de um cometa ou o percurso de uma bola de críquete até chegar às luvas do guarda-metas. Usando as leis de Newton, se soubermos como um objeto está se movimentando no momento, é possível descobrir como ele estava se movimentando no passado e como ele se movimentará no futuro.

O curioso em relação às leis do movimento é o fato de elas não serem dependentes do tempo. Se observarmos uma sequência de imagens em movimento de um cometa cruzando o espaço, não existe uma maneira de as leis de Newton nos dizer a direção em que o filme está rodando. As leis de Newton são reversíveis no tempo – elas funcionam bem nas duas direções, seja quando se está calculando o movimento para frente, no futuro, ou para trás, no passado.

Para a maior parte das situações, a experiência e o senso comum nos dizem se um evento está ocorrendo no sentido de avançar ou retroceder no tempo. Se eu lhe mostrasse um vídeo de um ovo quebrado se recompondo e saindo do chão em direção à minha mão, você saberia imediatamente que ele estava girando ao contrário. As leis de Newton não dizem que isso seja impossível, mas é quase certo que você jamais verá isso acontecer pois é muito improvável.

O paradoxo da reversibilidade

De acordo com a teoria cinética dos gases, o calor é uma medida do movimento dos átomos. Quanto mais agitados eles estiverem, maior será o calor. O físico e filósofo austríaco Ludwig Boltzmann usou a teoria cinética para resolver o assim chamado "paradoxo da reversibilidade" na física. Isso surgiu da Segunda Lei da Termodinâmica, que afirma que os sistemas físicos tendem a se tornar mais desordenados e que os processos mais naturais são irreversíveis. Parece que o universo prossegue inexoravelmente de um estado de baixa entropia (ordem) para um estado de alta entropia (desordem), e isso parece contradizer a natureza de reversibilidade no tempo da mecânica newtoniana. A ideia de uma "seta do tempo", apontando do passado para o futuro, foi introduzida inicialmente pelo astrônomo Sir Arthur Eddington.

Boltzmann resolveu o paradoxo determinando que a segunda lei dizia respeito a probabilidades. Os incontáveis átomos e moléculas que constituem um ovo quebrado, ou qualquer outro objeto, estão em movimento aleatório contínuo. Há uma remota, porém não impossível, chance de que

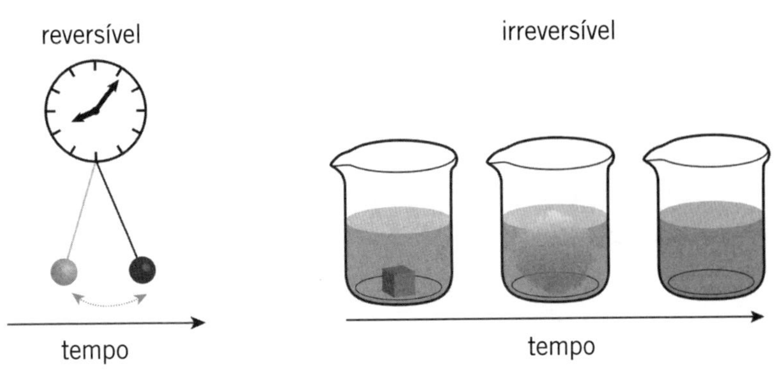

Simetria da reversão do tempo versus a seta do tempo

as moléculas se movimentarão todas exatamente na direção correta para reconstituir o ovo. Mas esse evento é tão improvável que a quebra de um ovo é irreversível.

Einstein leu a teoria dos gases de Boltzmann – que representa um gás como um conjunto de incontáveis moléculas ricocheteando aleatoriamente – e a achou "absolutamente magnífica". Entre 1902 e 1904, Einstein também estava trabalhando na Segunda Lei da Termodinâmica e desenvolvendo uma "teoria geral molecular do calor" usando estatística e mecânica que iriam "preencher a lacuna", como ele colocou, e estender o trabalho de Boltzmann sobre gases para outros materiais. Ele apresentou sua teoria molecular estatística para a sua tese de doutorado na Universidade de Zurique, descrevendo um novo método teórico para determinação do tamanho de moléculas e para calcular o número de Avogadro – o número de átomos ou moléculas em uma quantidade preestabelecida de uma substância.

Em um artigo separado, publicado em maio de 1905, Einstein aplicou a teoria molecular do calor a líquidos e acabou solucionando o enigma do "movimento browniano".

$$N_A = 6{,}02 \times 10^{23}$$

O número de Avogadro, ou constante de Avogadro, tem este nome em homenagem ao cientista italiano Amedeo Avogadro que, em 1811, foi o primeiro a propor que o volume de um gás é proporcional ao número de seus átomos ou moléculas.

Movimento browniano

Em 1827, o botânico escocês Robert Brown notou que o pólen das flores em suspensão movia-se aleatoriamente, aparentemente sendo empurrado por forças invisíveis. Outros pesquisadores haviam notado esse fenômeno, mas Brown foi o primeiro a estudá-lo. Apenas para começarmos, Brown achava que ele tinha algo a ver com o fato de o pólen ser vivo, mas experimentos mostraram que não apenas os grãos de pólen se movimentavam dessa maneira. Quaisquer outras partículas de tamanho similar, de lascas de granito a partículas de fumaça, se suspensas em líquido, mostravam o mesmo movimento.

Einstein não se propôs especificamente a explicar o movimento browniano e nem mesmo o mencionou no título do seu artigo que era "Sobre o Movimento Exigido pela Teoria Cinética Molecular do Calor de Partículas Suspensas em Fluidos em Repouso". Escreveu ele: "É possível que os

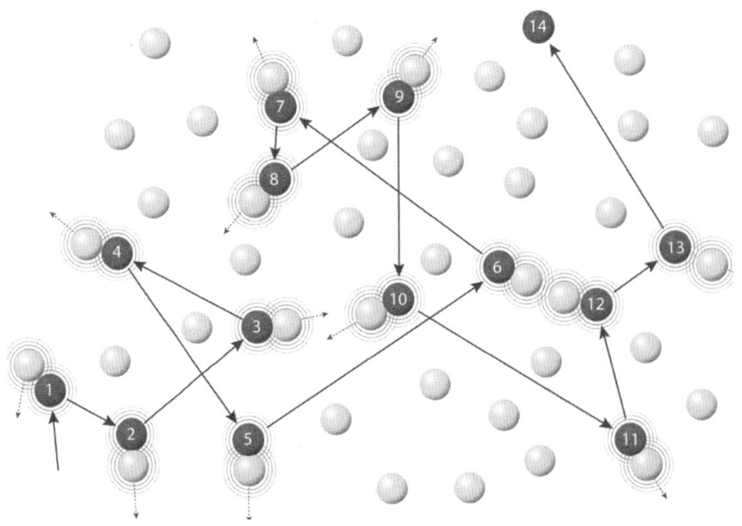

Movimento browniano.

movimentos a serem discutidos aqui sejam idênticos ao assim chamado movimento browniano molecular; contudo, os dados de que disponho sobre este último são tão imprecisos que eu não conseguiria formar uma opinião sobre a questão".

Einstein queria encontrar evidências para a existência de átomos e moléculas e mostrar como as ações das moléculas poderiam ser visivelmente demonstradas. Explicar o movimento browniano foi algo secundário a isso. Einstein argumentava que se as moléculas em líquido se movimentassem aleatoriamente, como as moléculas em um gás, então de vez em quando elas iriam colidir com os pequeninos grãos de pólen em número suficiente para provocar o deslocamento destes. Einstein explicou detalhadamente o movimento, usando conhecimento teórico e dados de experimentos, associados a poderosas ferramentas estatísticas que dominava

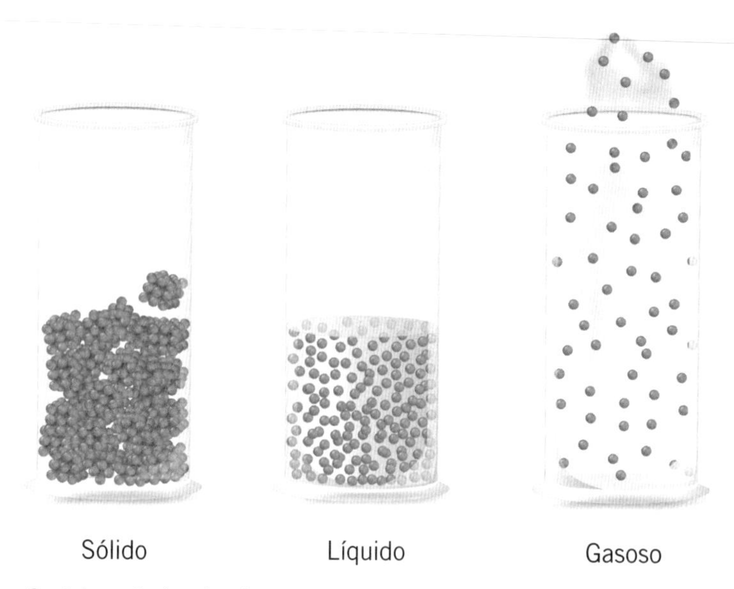

Os três estados fundamentais da matéria – as moléculas de um sólido, de um líquido e de um gás em um béquer.

desde sua dissertação anterior, a ponto de prever de forma acurada o quão distante as partículas iriam se deslocar no curso de seus movimentos irregulares e aleatórios.

Quando o artigo de Einstein sobre o movimento browniano apareceu pela primeira vez em 1905, os cientistas ainda debatiam sobre a real existência de átomos e moléculas. Alguns como o físico Ernst Mach (que emprestou o seu nome para a velocidade do som) e o físico-químico Wilhelm Ostwald estavam entre aqueles que optaram por argumentar contra o átomo. Eles adotaram a visão de que termodinâmica dizia respeito à maneira através da qual a energia se transforma de uma forma para outra e acreditavam que não havia necessidade alguma de explicá-la em termos de átomos invisíveis movimentando-se aleatoriamente.

Mach influenciou o pensamento de Einstein de outra forma. Ele afirmou que era impossível definir os conceitos newtonianos de tempo e espaço absolutos, chamando-os de uma "monstruosidade conceitual". Mas Einstein iria refutar todas essas ideias. Depois de alguns meses da publicação do artigo de Einstein, suas previsões foram confirmadas experimentalmente.

O físico francês Jean-Baptiste Perrin usou o recém-inventado ultramicroscópico para verificar as ideias de Einstein e recebeu o Prêmio Nobel de Física de 1926 pelo seu trabalho na área. Ele encontrou evidências convincentes para sustentar a teoria de Einstein. O físico e matemático alemão Max Born escreveu: "Acredito que estas investigações de Einstein fizeram mais do que qualquer outro trabalho no sentido de convencer os físicos da realidade de átomos e moléculas".

É um marco da genialidade de Einstein que enquanto estava tentando provar a existência dos átomos, também buscava entender as consequências de se deslocar na velocidade da luz. Poucos dias depois da publicação de seu artigo sobre movimento molecular, contava a um amigo que estava prestes a modificar “a teoria do espaço e tempo”.

CAPÍTULO 7

O que É a Teoria da Relatividade Especial?

Einstein demonstrou que pelo fato de a velocidade da luz ser constante, tudo o mais tinha que se modificar.

O conceito de relatividade na física é relativamente simples. Ela sustenta que as leis da física se aplicam e permanecem as mesmas para todos os observadores que se movimentam livremente, independentemente da velocidade de deslocamento deles. Mas o que se entende por "estar em movimento"?

A teoria da relatividade especial de Einstein, desenvolvida em 1905, era especial no sentido de referir-se ao estado particular de objetos em movimento uniforme, movendo-se a uma velocidade e direção constantes relativamente uns aos outros. Os físicos chamam isso de referencial inercial. Conforme indicado por Newton em sua primeira lei do movimento, um estado de inércia é o padrão para qualquer objeto que não esteja sofrendo a atuação de uma força. O movimento de inércia equivale simplesmente ao movimento a uma velocidade uniforme em linha reta. Levaria mais dez anos até que Einstein formulasse sua teoria geral, que também levava em conta objetos em movimento acelerado.

Para medir qualquer coisa, seja tempo, distância ou massa, se faz necessário ter algo como referência com o qual contrastar a medição. Um objeto será mais rápido, maior ou mais pesado apenas quando medido em relação a alguma outra coisa.

Uma das razões para se estabelecer um sistema de pesos e medidas foi ter uma maneira de se comparar objetos e quantidades similares de modo a se estabelecer se uma coisa era maior ou mais pesada do que outra. Nenhuma das unidades de medida é absoluta; todas têm de ser definidas em referência a alguma outra coisa.

Galileu

Em 1632, Galileu Galilei havia explorado a ideia de que todo movimento é relativo. Em seu *Dialogo sopra i due massimi sistemi del mondo* (Diálogo sobre os dois Principais Sistemas do Mundo), Galileu defendia a ideia de que a Terra não ficava parada no centro do universo. Quando Copérnico sugerira que a Terra girava em torno o Sol, sua ideia havia sido ridicularizada pelos críticos que diziam que nós certamente iríamos ter a sensação de ela estar correndo pelo espaço.

Galileu atacou o problema imaginando a situação de uma pessoa dentro de uma cabine sem janelas em uma embarcação navegando em um lago perfeitamente sereno a uma velocidade constante. Galileu perguntou-se: existe uma maneira através da qual o passageiro consiga determinar que a embarcação está se movendo sem ir ao deque? Se a embarcação continuar a se deslocar a uma velocidade e direção constantes, o passageiro não perceberá o seu movimento. Da mesma forma, um passageiro dos dias de hoje, viajando em um trem se deslocando suavemente ou em um avião em velocidade de cruzeiro através dos céus, não se dará conta da velocidade de deslocamento sem olhar através de uma janela.

Galileu Galilei.

Galileu perguntava a si mesmo se poderia ser realizado um experimento na embarcação que desse um resultado diverso de um mesmo experimento realizado na praia e, consequentemente, indicasse que a embarcação se encontrava em movimento. Sua conclusão foi que seria impossível. Admitindo-se que a embarcação estivesse se deslocando a uma velocidade constante em uma direção constante, qualquer experimento mecânico realizado dentro da embarcação daria exatamente os mesmos resultados de um experimento similar realizado na praia. A partir dessas observações, Galileu apresentou sua hipótese da relatividade:

> *Quaisquer dois observadores deslocando-se a velocidade e direção constantes um em relação ao outro obterão os mesmos resultados para todos os experimentos mecânicos.*

Referenciais

Uma importante consequência disso é que a velocidade somente pode ser medida em relação a outra coisa e o cálculo muda caso meçamos a velocidade a partir de um ponto de referência diferente. Dizer que algo está se movendo somente faz sentido caso se diga o que está movimentando em relação a que – se tivermos duas pessoas sentadas uma em frente à outra em um trem e uma delas jogar uma laranja para a outra, esta se desloca pelo ar a poucos m/hora, mas alguém situado ao lado dos trilhos veria a laranja, o trem e os passageiros movimentando-se a uma centena de km/h! A velocidade que você percebe um objeto se movimentando depende do quão rápido você está se movimentando em relação a este objeto.

A ideia de que o movimento não tem sentido sem um referencial é fundamental para as teorias da relatividade de Einstein. Antes de Einstein, acreditava-se que existia algo como movimento absoluto; isso significa dizer que um objeto estaria se movimentando sem nenhuma referência a algo. Isso exigiria a existência de um estado de repouso absoluto no espaço (uma coisa estaria ou se movimentando ou então não). Este conceito foi formulado por Newton, que escreveu: "Movimento absoluto é a translação de um corpo de um lugar absoluto para outro; e movimento relativo, a translação de um lugar relativo para outro". A teoria da relatividade especial de Einstein refutou essa ideia de repouso absoluto e de movimento absoluto. Certa ocasião (quiçá inventada), Einstein perguntou ao desconcertado fiscal que inspecionava os bilhetes: "Oxford para neste trem?".

Introdução à relatividade especial

O terceiro trabalho de Einstein (1905) intitulava-se "Da Eletrodinâmica dos Corpos em Movimento". Ele começava com um exemplo bastante simples, bem conhecido de Michael Faraday e outros pesquisadores vitorianos do eletromagnetismo: é gerada uma corrente elétrica caso um ímã seja movimentado dentro de uma bobina, e a mesma corrente é produzida caso o ímã permaneça fixo e a bobina seja movimentada. Einstein estava familiarizado com a eletricidade

– muitas vezes ele ajudava seu tio engenheiro Jakob, que também foi o responsável por introduzir o jovem Einstein aos deleites da álgebra e a fazer ajustes em bobinas e ímãs em um gerador. O trabalho de Einstein no órgão de registro de patentes também significava que ele examinava regularmente uma série de dispositivos eletromecânicos.

Desde a época de Faraday, havia sido assumido que existiam duas explicações diferentes em jogo – uma para o ímã móvel produzindo uma corrente e outra para a bobina móvel produzindo a corrente. Mas Einstein discordava disso, dizendo que independentemente de quem estivesse se movimentando, era o movimento relativo entre eles que gerava a corrente. Conforme dizia: "A ideia de que esses dois casos seriam essencialmente diversos era inadmissível para mim".

A distinção entre ímã móvel e bobina móvel dependia da visão ainda apoiada por muitos cientistas de que havia um estado de repouso absoluto em relação ao éter, a misteriosa e mítica substância pela qual Michelson e Morley deixaram de encontrar qualquer evidência.

O exemplo do ímã e da bobina, juntamente com outras observações feitas sobre a natureza da luz, levaram Einstein a concluir que a ideia de repouso absoluto era errônea e desnecessária. Informalmente, ele descartou inteiramente a ideia do éter: "A introdução do 'meio luminoso' [éter] se provará supérflua... a visão aqui desenvolvida não exigirá um 'espaço em repouso absoluto'". Estabeleceu então o seu "Princípio da Relatividade":

> *"As mesmas leis da eletrodinâmica e da óptica serão válidas para todos os referenciais para os quais as leis da mecânica se aplicam".*

Outra forma de se dizer isso é que as leis da física são as mesmas para todos os referenciais inerciais. Não importa se você está se deslocando rápida ou lentamente, dessa ou daquela forma, para frente ou para trás, as leis permanecem as mesmas, significando que qualquer experimento irá produzir resultados que estão de acordo com as leis. Tanto Einstein quanto Galileu concordavam que nenhum experimento é capaz de determinar o movimento do observador em um referencial inercial.

A relatividade especial aplica-se apenas a objetos que se movem em um referencial inercial. Assim que o objeto mudar de direção, ou a velocidade aumentar ou diminuir, pode-se dizer que ele está em movimento. Percebemos isso quando um carro acelera ou um avião começa a descer. Não há necessidade alguma de dizer que um objeto está acelerando em relação a qualquer outra coisa.

A constância da luz

Ao adotar seu Princípio da Relatividade, Einstein se deu conta de que era impossível Newton e Maxwell estarem certos ao mesmo tempo. Einstein começa então a questionar os 200 anos de física newtoniana, escrevendo, em 1940:

> *"A formulação precisa das leis que estabelecem a relação entre o espaço e o tempo foi o trabalho de Maxwell. Imagine como ele se sentiria quando as equações diferenciais que havia formulado provassem a ele próprio que os campos eletromagnéticos se propagam na forma de ondas polarizadas e à velocidade da luz! A poucos homens no mundo, teria sido concedida uma experiência dessas...*
> *Foi preciso algumas décadas para os físicos entenderem a verdadeira significância da descoberta de Maxwell, tão audacioso foi o avanço que esse gênio impôs aos conceitos de seus colegas".*

Einstein perguntou: A luz se comporta da mesma maneira que as demais coisas? E se a velocidade da luz também for dependente do movimento do observador? Isso o levou ao segundo postulado, o chamado postulado da luz, sobre o qual ele fundamentou sua teoria, qual seja, que a velocidade da luz é uma constante. Algumas coisas parecem ser relativas, mas a velocidade da luz é absoluta.

A luz, disse Einstein, sempre se desloca a uma velocidade constante independentemente da velocidade do objeto emissor. Isso fazia pouco sentido em termos newtonianos, em que as velocidades se somam. Por exemplo, um arremessador mais veloz é capaz de lançar uma bola de críquete mais rapidamente adicionando a velocidade de sua corrida à velocidade na qual a bola é lançada de sua mão. Mas um feixe de luz projetado de um avião em altíssima velocidade ainda continuaria a se propagar na mesma velocidade de outro feixe projetado do topo de uma montanha (relativamente) estacionária abaixo dele.

Foi isso que Michelson e Morley constataram ao descobrirem que a velocidade da luz era sempre a mesma independentemente de como eles a medissem. A ideia de que nada no universo é capaz de se deslocar mais rápido do que a luz é fundamental para a teoria da relatividade especial de Einstein. Mas por que a luz sempre se propaga no vácuo a aproximadamente 300.000 km/s? Por que não mais rápido ou mais devagar?

Colocado de forma simples, porque essa é a resposta que obtemos ao resolvermos as equações de Maxwell, que mostram que a velocidade de ondas eletromagnéticas é uma constante definida pelas propriedades do vácuo espacial através do qual as ondas se deslocam. Ela não é medida em relação a nada mais como aconteceria com qualquer outra

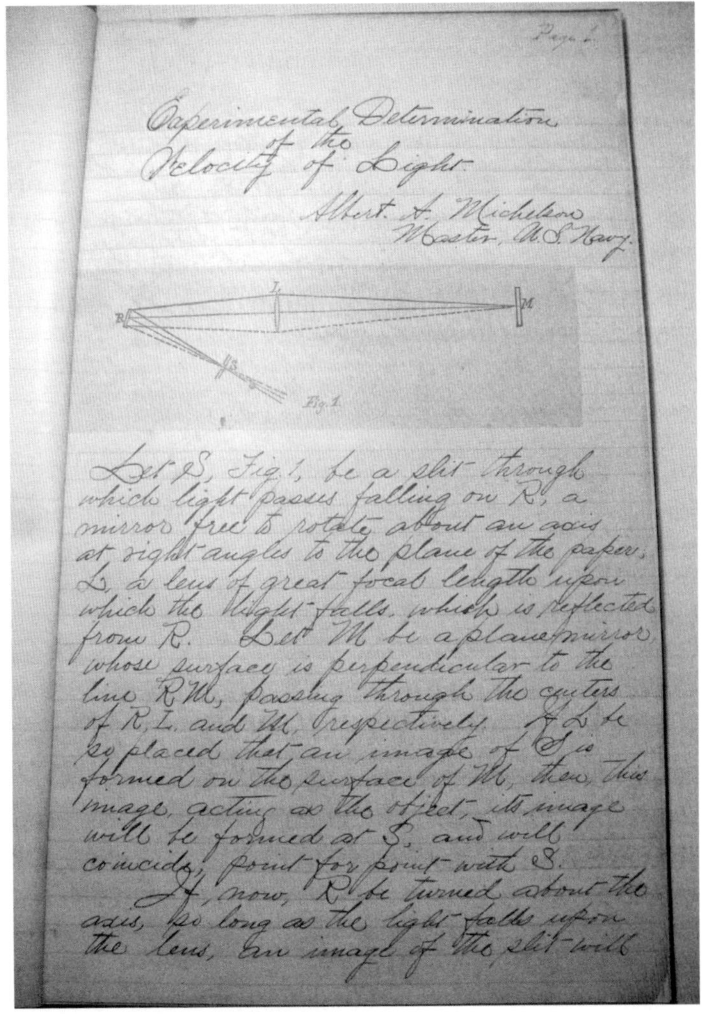

Page 1

Experimental Determination of the Velocity of Light

Albert A. Michelson
Master, U.S. Navy.

Let S, Fig. 1, be a slit through which light passes falling on R, a mirror free to rotate about an axis at right angles to the plane of the paper; L, a lens of great focal length upon which the light falls, which is reflected from R. Let M be a plane mirror whose surface is perpendicular to the line RM, passing through the centers of R, L, and M, respectively. If L be so placed that an image of S is formed on the surface of M, then this image, acting as the object, its image will be formed at S, and will coincide, point for point with S.

If, now, R be turned about the axis, so long as the light falls upon the lens, an image of the slit will

Primeira página do manuscrito do trabalho de Michelson sobre a velocidade da luz.

velocidade. A natureza do universo e o comportamento dos campos elétricos e magnéticos ditam como a velocidade da luz deve ser.

Pelo fato de as equações de Maxwell, que determinam a velocidade da luz, continuarem a serem válidas em qualquer referencial inercial, dois observadores se deslocando um em relação ao outro, cada qual medindo a velocidade de um feixe de luz em relação a eles, obterão a mesma resposta – mesmo que um deles esteja se deslocando na mesma direção do feixe de luz e o outro se afastando dele. Tudo o mais na teoria da relatividade especial deriva desse simples fato. A constância da velocidade da luz gera aparentemente muitos paradoxos que transformam aquela nossa noção de espaço e tempo que imaginamos.

DEFINIÇÃO DA VELOCIDADE DA LUZ

Em 1983, a Conferência Geral de Pesos e Medidas definiu oficialmente a velocidade da luz como sendo:

c = 299.792.458 m/s

Os cientistas usam a letra "c" como símbolo da velocidade da luz a partir da palavra latina "*celeritas*", que significa "celeridade". Ao mesmo tempo, o metro passou a ser definido como a distância percorrida pela luz em 1/299.792.458 de segundo.

"LUZ LENTA"

A "velocidade da luz" é geralmente adotada para se referir à luz se propagando no vácuo. Entretanto, nem sempre a luz se desloca a tamanha velocidade – ela vai desacelerando à medida que passa por meios transparentes como o ar, a água ou o vidro. A velocidade da luz através da água é cerca de 75% de sua velocidade no vácuo, mas mesmo assim cerca de 225.000 km/s, de modo que é difícil detectar a diferença. A razão através da qual ela é desacelerada é chamada de índice de refração, descoberto por Jean Foucault em 1850.

CAPÍTULO 8

Quais São as Ideias de Einstein sobre o Tempo?

As consequências da relatividade especial transformaram a noção de tempo que tínhamos em nossas cabeças.

Em uma conferência que deu em 1922, Einstein disse:

"Minha solução foi realmente para o verdadeiro e próprio conceito de tempo, isto é, que o tempo não é definido em termos absolutos, mas sim que existe uma conexão inseparável entre o tempo e a velocidade do sinal [luz]. Com essa concepção, a extraordinária dificuldade precedente poderia ser inteiramente resolvida. Cinco semanas depois de ter reconhecido isso, a presente teoria da relatividade especial foi completada".

Imagine que você esteja em uma estação espacial e dispare um dispositivo de sinalização a *laser* na direção da espaçonave que está se afastando de você à metade da velocidade da luz, cerca de 150.000 km/s. O senso comum nos diz que a radiação *laser* deveria atingir a espaçonave com a metade da velocidade da luz, pois ela tem que alcançar a espaçonave. Mas o senso comum está errado – o raio *laser* continuará a chegar até a espaçonave a aproximadamente 300.000 km/s.

A velocidade (v) é igual à distância (d) percorrida dividida pelo tempo (t) que leva para chegar até lá, ou na forma de equação:

$v = d/t$

Em outras palavras, é uma medida de espaço dividido pelo tempo. Portanto, parece que para a velocidade da luz sempre permanecer a mesma para todos os observadores (isto é, que obtenhamos sempre a mesma resposta para v), temos que fazer alguns ajustes em d e t. Se a velocidade da luz não se altera, tempo e espaço precisam mudar.

Tempo absoluto

Isaac Newton escreveu que: "O tempo existe por si só e flui igualmente sem referência a qualquer coisa externa". No mundo newtoniano, o tempo sempre transcorre no mesmo ritmo, seja lá onde for medido. Se nossos relógios forem ambos precisos, então cinco segundos para mim serão cinco segundos para você – a menos que eles não estejam sincronizados. Retornemos à estação espacial e ao dispositivo de sinalização a *laser* por um momento. Para você, na estação espacial, e o piloto na nave espacial estarem concordantes em termos da velocidade do feixe de raios que atinge a nave espacial, vocês dois têm de estar de acordo em relação ao tempo que ele leva para chegar lá. Já que a velocidade da luz é sempre a mesma para o piloto da espaçonave, os relógios da espaçonave têm de estar avançando mais devagar, para que você chegue à mesma resposta.

O paradoxo dos gêmeos

Imagine que o piloto da nave espacial que parte em alta velocidade, no momento acelerando a 0,99% da velocidade da luz, seja o seu gêmeo que está partindo para uma viagem exploratória pelo espaço. O seu gêmeo levará um ano de viagem [no tempo da espaçonave] para completar a jornada. Quando seu gêmeo retornar, ele estará, como se espera, um ano mais velho. Mas quanto mais velho você estará?

À medida que controla o progresso da nave, você perceberá a ocorrência de algo estranho. Os relógios a bordo da espaçonave estarão correndo mais lentamente do que os relógios na estação espacial (ou, quem sabe, os seus relógios estarão avançando mais rapidamente, relativamente falando), de modo que no momento em que a aeronave do seu gêmeo retornar à estação espacial, para você terão se passado sete anos. (O tempo real irá depender do quão próximo da velocidade da luz a espaçonave viaja – deslocando-se à metade da velocidade da luz, uma hora na aeronave será equivalente a 69 minutos na estação espacial; quanto mais próximo da velocidade da luz, a diferença poderia ser medida em milhares ou até mesmo milhões de anos.) Agora você tem um gêmeo que é seis anos mais jovem do que você – mas isso não é o paradoxo.

Einstein disse que todo movimento é relativo. Não importa se foi a bobina ou o ímã que se movimentou para gerar uma corrente; de qualquer forma, eles estavam se movimentando um em relação ao outro. De igual modo, o seu gêmeo a bordo da espaçonave poderia olhar para trás na direção da estação espacial à medida que ela for ficando para trás e digamos que você, por seu lado, é aquele que está se distanciando a uma velocidade próxima da luz. Se esse for o caso, o seu gêmeo verá os seus relógios andando mais lentamente! Portanto, quem de vocês está envelhecendo mais lentamente – vocês dois ou nenhum?

Você poderia dizer que tudo se compensa e tanto você quanto o seu gêmeo ainda estarão com a mesma idade quando se reencontrarem. Mas você estaria errado. O gêmeo, piloto da espaçonave, realmente terá envelhecido menos. Escrevendo nos anos 1960, o físico Herbert Dingle argumentou que o paradoxo dos gêmeos revelava uma inconsistência na relatividade especial. Hoje em dia a maior parte dos cientistas concorda que a teoria da relatividade é capaz de resolver o enigma, porém, eles discordam sobre se a solução pode ou não ser encontrada na relatividade especial. O próprio Einstein disse que a solução para esse paradoxo requer a relatividade geral.

Mais rápido e mais devagar

De acordo com a teoria da relatividade especial, quanto mais rapidamente nos deslocarmos no espaço, mais lentamente nos deslocamos no tempo. À medida que nos aproximamos da velocidade da luz, os intervalos entre os eventos se ampliam, de modo que o tempo parece ir mais devagar. Este fenômeno é chamado de dilatação do tempo. Se um objeto pudesse atingir a velocidade da luz, então pareceria que o tempo havia parado completamente. Em experimentos como estes realizados no LHC (*Large Hadron Collider*, Grande Colisor de Hádrons) no CERN, onde partículas atômicas colidem umas com as outras em frações significativas da velocidade da luz, os efeitos da dilatação do tempo devem ser levados em consideração caso queiramos que os resultados façam algum sentido.

Simultaneidade

Einstein imaginava que um efeito da relatividade especial era particularmente importante – a relatividade da simultaneidade. Dois eventos que parecem ocorrer simultaneamente para um observador talvez não pareçam da mesma forma para um segundo observador, que está se movimentando em relação ao primeiro observador. De acordo com Einstein, não podemos dizer que um observador está certo e o outro errado. Na realidade, ambos estão certos!

Einstein explicou o mistério em termos de um experimento mental. Imagine que você esteja observando uma tempestade. De repente, dois prédios que você sabe estarem equidistantes em relação a você, são atingidos por raios. Você diria que os dois foram atingidos simultaneamente. Suponha agora que passe um ônibus; se os raios ocorrerem enquanto um passageiro no ônibus estiver emparelhado com você ele indubitavelmente concordará que os dois raios ocorreram simultaneamente. Imagine agora que o ônibus esteja se movimentando no sentido de um prédio e afastando-se do outro. Neste caso, a luz do raio no segundo prédio levará mais tempo para chegar ao passageiro do que a luz do raio para o prédio que ele está se aproximando. Ele não verá os dois raios como sendo simultâneos.

A NATUREZA DO TEMPO

O tempo pode ser longo ou breve; ele pode se tornar moroso ou voar; usamos tempo e tentamos criar tempo; economizamos tempo e ficamos pensando onde foi parar o tempo que se acabou. Ninguém realmente sabe o que é tempo. Em 1905, o físico francês Henri Poincaré argumentou que ele é algo que inventamos para nossa própria conveniência e não uma característica da realidade. Ele declarou que não havia nenhum teste que pudesse nos dizer alguma coisa sobre a natureza do tempo e que deveríamos simplesmente adotar qualquer conceito de tempo que possa simplificar as leis da física.

Poderíamos pensar no tempo como aquele que separa um evento do outro; ele poderia nos informar a duração de um evento e qual evento veio primeiro. Por exemplo, em uma corrida de 100 metros um velocista de alto rendimento leva dez segundos para cumprir o percurso e cruzar a linha de chegada. Podemos medir o tempo gasto em frações de segundo, de modo a sabermos quem venceu e se o tempo foi recorde ou não. Mas o que é um segundo? Podemos defini-lo em termos das vibrações de um átomo, porém, cada vibração é simplesmente mais um evento no tempo.

Henri Poincaré.

Se nada acontecer em nenhum lugar, se não estiver ocorrendo nenhum evento, o tempo continuaria, independentemente disso, a "correr de forma uniforme"? Quiçá tempo seja apenas coisas acontecendo. E, conforme mostrou Einstein, as coisas podem acontecer em ritmos diferentes.

Conforme vimos, de acordo com o princípio da relatividade não podemos insistir na ideia de que você está em repouso e o passageiro dentro do ônibus está em movimento. Vocês simplesmente estão em movimento relativo, um em relação ao outro. Consequentemente, não há uma resposta "certa" para dizer se os raios aconteceram simultaneamente ou não.

A relatividade da simultaneidade demonstra a impossibilidade de tempo absoluto. Dois observadores em movimento relativo terão relógios que batem em ritmos diferentes; o efeito se torna mais acentuado quando nos aproximamos da velocidade da luz, mas ele também ocorre, de forma infinitesimal, a velocidades relativas baixas. O tempo passa diferentemente para todos os sistemas de referência móveis.

Conforme colocou o físico Werner Heisenberg: "Esta foi uma mudança dos próprios fundamentos da física, uma mudança inesperada e bastante radical que exigiu muita coragem de um gênio jovem e revolucionário".

CAPÍTULO 9

O que É a Contração de Lorentz-FitzGerald?

Einstein não apenas curvou o tempo para que este se adequasse à sua teoria, como também contraiu o espaço.

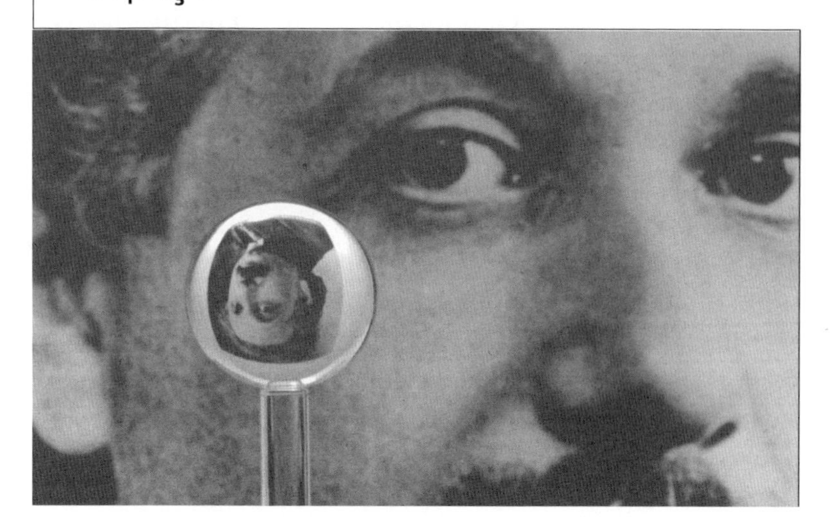

Outra estranha consequência da velocidade da luz permanecer constante para todos os observadores é o fenômeno de que um objeto em movimento parece contrair ao longo da direção do movimento. À velocidade da luz, o comprimento do objeto seria zero. Trata-se da contração de Lorentz-Fitz-Gerald, assim chamada em homenagem aos dois físicos que a propuseram em 1889, após o insucesso do experimento de Michelson-Morley. Foi Einstein que demonstrou que o fenômeno era real – não uma compressão física real, mas uma consequência das propriedades do espaço e do tempo.

Apenas siga o feixe em ricochete

À medida que o tempo desacelera quanto mais rapidamente nos movemos, segue-se que temos de contrair fisicamente, também. Imagine uma espaçonave com um espelho montado em cada uma das extremidades. Um pulso de luz ricocheteia nesses dois espelhos indo e voltando. O que acontece com esse feixe em ricochete à medida que a espaçonave se aproxima da velocidade da luz?

Para uma nave de 150 metros de comprimento em repouso, a jornada de retorno do feixe de luz leva, aproximadamente, um milionésimo de segundo. Mas a 99,5% da velocidade da luz, o tempo é desacelerado por um fator em torno de 10, significando que o tempo da jornada de retorno, medido por um observador, agora é de um centésimo milionésimo de segundo. Com o pulso se deslocando da parte traseira para a fronteira da espaçonave, o tempo da jornada será mais longo, pois o espelho frontal está se distanciando do pulso próximo da velocidade da luz. Com o pulso se deslocando da parte dianteira para a traseira da espaçonave, o tempo da jornada será muito mais curto, pois o espelho traseiro está indo velozmente ao encalço do feixe de luz. Porém, independentemente de ser um espelho que se afasta ou de um espelho que se aproxima, o feixe de luz sempre chegará à mesma velocidade, cerca de 300.000 km/s, pois a velocidade da luz não muda.

Einstein fez a seguinte pergunta: Se eu pudesse voar à velocidade da luz e segurar um espelho à minha frente, será que eu veria o meu reflexo? Como a luz atingiria o espelho caso ela estivesse se distanciando à velocidade da luz? A resposta é que ele veria o próprio reflexo, pois não importa o quão próximo ele estivesse da velocidade da luz, a luz que,

Einstein com o físico holandês Hendrik Lorentz.

repetidamente faz ricochetes nele e no espelho, indo e voltando, sempre estará se deslocando com os mesmos 300.000 km/s.

Para garantir que a velocidade da luz seja sempre medida como sendo a mesma, não apenas o tempo tem de diminuir o seu ritmo, mas também a distância percorrida pelo feixe de luz tem de diminuir. A aproximadamente 99,5% da velocidade da luz, a distância é reduzida por um fator igual a 10 – a mesma proporção daquela do efeito da dilatação do tempo.

A espaçonave e a sua tripulação não contraem em tamanho. O objeto em movimento só é encurtado em seu comprimento na direção do seu movimento; as dimensões perpendiculares ao seu movimento permanecem as mesmas. O resultado é que, para um observador em repouso em relação ao objeto em movimento, ele se torna distorcido em relação à sua forma em repouso.

A mudança no comprimento não será aparente para a tripulação da nave. A distorção será aparente apenas para um observador que esteja relativamente em repouso em comparação à nave. Sob a perspectiva da tripulação da nave,

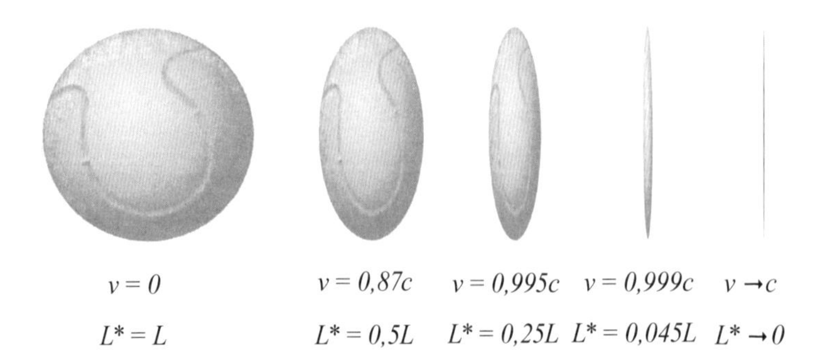

Os efeitos da contração de Lorentz–FitzGerald em uma bola de tênis.

o observador parecerá ter contraído já que, falando-se em termos relativos, ele está passando por eles como um raio.

Intrépidos desbravadores do espaço

Conforme colocado de forma memorável pelo autor Douglas Adams, "O espaço é grande. Realmente grande. Você simplesmente não acreditaria o quão vasto, imenso e inacreditavelmente grande ele é". Mesmo a luz, a onda mais rápida do universo, leva mais de quatro anos para percorrer a distância entre o Sol e a estrela mais próxima. Embora tecnicamente possa vir a ser possível se chegar próximo da velocidade da luz, viajar até as estrelas para estes pioneiros se deslocando em altíssima velocidade seria muito mais rápido. Como isso é possível?

Essa é outra consequência da contração de Lorentz-FitzGerald. Imagine que uma espaçonave se deslocando à velocidade da luz faça um percurso ao longo de uma ferrovia que vai se estendendo de estrela em estrela. Quanto mais rapidamente a nave viajar, mais curta parecerá a ferrovia e mais curta a distância que a espaçonave precisará percorrer para atingir seu destino estelar. A 99,5% da velocidade da luz, a jornada até a estrela mais próxima levará cinco meses em vez de quatro anos. Quanto mais próximo da velocidade da luz a nave chegar, mais curto seria o tempo da jornada.

Obviamente, há um ponto negativo. Os relógios da nave estão correndo dez vezes mais lentamente que os relógios relativamente imóveis das pessoas lá na Terra. Portanto, embora se passe apenas cinco meses de acordo com o tempo da nave, no tempo da Terra ainda seriam precisos quatro anos para completar a jornada. Quanto mais rapidamente a nave se deslocar, mais extrema será a discrepância entre o tempo da nave e o tempo terrestre.

Lá no atemporal

Nada é capaz de se deslocar à velocidade da luz – exceto, obviamente, a luz. Portanto, como seria uma jornada através do espaço para um fóton, um *quantum* de luz único? As distâncias se reduziriam a zero e o relógio do fóton pararia completamente.

Para o fóton, não há distância nem tempo. Uma jornada de um lado do universo até o outro é realizada em tempo algum porque, para o fóton, o universo inteiro se contrai a um comprimento zero. O fóton é emitido e absorvido instantaneamente. Sob a perspectiva do fóton, é como se ele jamais tivesse existido, pois o que pode existir para um tempo zero? O significado de tudo isso é algo que vai além da compreensão humana, mas como o próprio Einstein disse:

> *"A mais bela experiência que podemos ter é o mistério. É a emoção fundamental que repousa no berço da verdadeira arte e da verdadeira ciência. Qualquer um que não saiba disso e não consiga mais se assombrar, se maravilhar, é como se estivesse morto, e com a visão ofuscada."*

CAPÍTULO 10

O que É Espaço-Tempo?

Einstein demonstrou que muito embora o espaço e o tempo pudessem ser alterados, o novo conceito de espaço-tempo era absoluto.

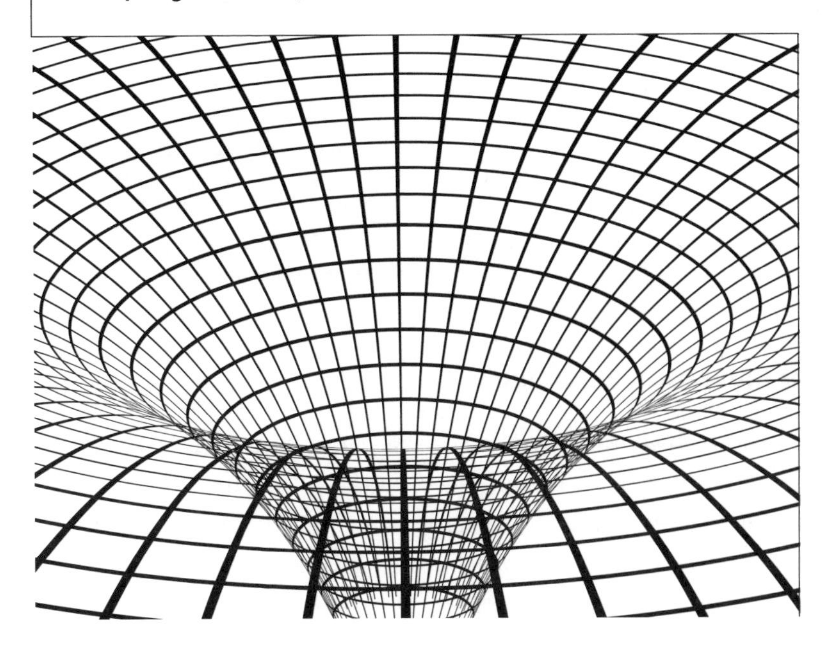

Um ano depois de Einstein ter publicado sua teoria da relatividade especial, o matemático alemão Hermann Minkowski escreveu:

> *"Daqui em diante, o espaço por si só, e o tempo por si só, estão fadados a, pouco a pouco, caírem no esquecimento, e apenas algum tipo de união entre eles manterá preservada uma realidade independente."*

Einstein argumentou que o tempo absoluto e o espaço absoluto poderiam ser substituídos pelo espaço-tempo absoluto. A realidade matemática da relatividade mostra que o espaço e o tempo estão inextricavelmente associados e ambos, conforme já visto, são alterados ao nos aproximarmos de velocidades próximas à da luz. Somente se considerarmos espaço e tempo juntos poderemos descrever precisamente o que é observado à velocidade da luz.

Hermann Minkowski.

O universo "em bloco"

Para auxiliar na visualização de uma trajetória através do espaço-tempo, os físicos empregam um conceito chamado universo "em bloco". Imagine o universo como uma imensa caixa retangular. Agora imagine-o como uma caixa quadridimensional acrescentando o tempo como a quar-

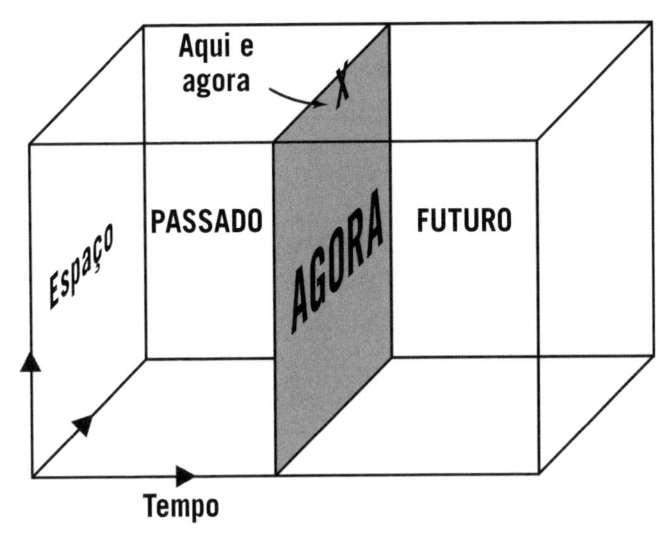

O universo "em bloco"

ta dimensão. Fazendo-se um corte através da caixa obtemos um instantâneo do universo "em bloco" em um dado momento no tempo. Qualquer evento em qualquer lugar em nosso universo plano (curvatura zero) pode ser representado graficamente na caixa, com suas coordenadas nos mostrando onde e quando o evento ocorreu. Na realidade, o universo "em bloco" espaço-temporal traça todos os eventos, passados, presentes e futuros.

"O adulto comum jamais parou para pensar nos problemas do espaço-tempo... Eu, ao contrário, me desenvolvi de forma tão lenta que não comecei a ponderar sobre espaço e tempo até chegar a ser um adulto. Aprofundei-me então no problema mais do que qualquer outro adulto ou criança teria feito."

Einstein em uma carta ao prêmio Nobel James Franck. Einstein acreditava que normalmente eram as crianças, e não os adultos, que ponderavam sobre questões de espaço-tempo.

Como o tempo flui através do universo "em bloco" do presente para o passado? Uma visão é que "agora" é a fatia tirada exatamente neste momento. O tempo "flui" em uma série de saltos infinitesimais de fatia em fatia, com cada salto tão pequeno que jamais conseguiríamos detectá-lo. Outra visão é de que todas as fatias existem simultaneamente, com todos os eventos passados e futuros representados graficamente ao longo da linha do tempo, mas somos impedidos de enxergar isso já que não conseguimos sair das quatro dimensões do espaço-tempo.

Independentemente de o tempo se manifestar em lampejos em direção ao futuro, como o ato de folhear as páginas de um pequeno livro ilustrado que parece um desenho animado, ou de o futuro já existir e ser inalterável, a relatividade de Einstein nos compele para uma visão de universo em que tempo e espaço estão inextricavelmente ligados. Conforme já constatado, os efeitos da dilatação do tempo e da contração do comprimento significam que o espaço-tempo se subdivide em sua parte espaço e sua parte tempo de forma diversa para observadores em referenciais que se movem um em relação ao outro. Por exemplo, não há nenhum modo de se afirmar de forma não ambígua que um evento durou dez segundos sem darmos alguma indicação do referencial no qual a medida foi feita. Em outras palavras, observadores em movimento relativo não serão capazes de chegar a um acordo quanto à página do pequeno livro ilustrado em que ocorreu um evento.

Diagramas espaço-tempo de Minkowski

Em 1907, Hermann Minkowski desenvolveu outra maneira de visualizar como os objetos se deslocavam no espaço e no tempo. Tais representações no espaço-tempo são chamadas de diagramas espaço-tempo de Minkowski e nos permitem visualizar alguns estranhos efeitos da relatividade.

Em um diagrama espaço-tempo de Minkowski, é usado um sistema de coordenadas, onde o tempo é representado verticalmente no eixo y e qualquer uma das duas dimensões espaciais é representada ao longo dos eixos x e z, da mesma forma que em um desenho de perspectiva. Se fôssemos pensar em um diagrama de Minkowski de maneira similar ao diagrama do universo "em bloco", então no caso de Minkowski as fatias de tempo são empilhadas verticalmente, com o passado na base da pilha. Cada uma dessas fatias é denominada hiperplano do tipo espacial. Na realidade, esses instantâneos espaço-tempo são tridimensionais, e não superfícies planas, porém, como observamos com o universo "em bloco", visualizar um espaço quadridimensional não é uma tarefa nada fácil!

Em um diagrama de Minkowski, um objeto não é representado como um ponto único, mas sim como uma linha contendo todos os pontos no espaço-tempo em que ele existe. Trata-se da linha de universo do objeto. Se ele estiver em movimento uniforme, a linha de universo do objeto será reta, mas qualquer força atuando sobre ela faz com que a linha de universo se curve. Se a linha de universo do objeto cruzar aquela de outro objeto então os dois objetos colidem naquele ponto. As unidades ao longo do eixo do tempo em geral são dadas em segundos × a velocidade da luz, de modo que as linhas de universo dos raios luminosos fazem um ângulo de 45 graus com cada eixo.

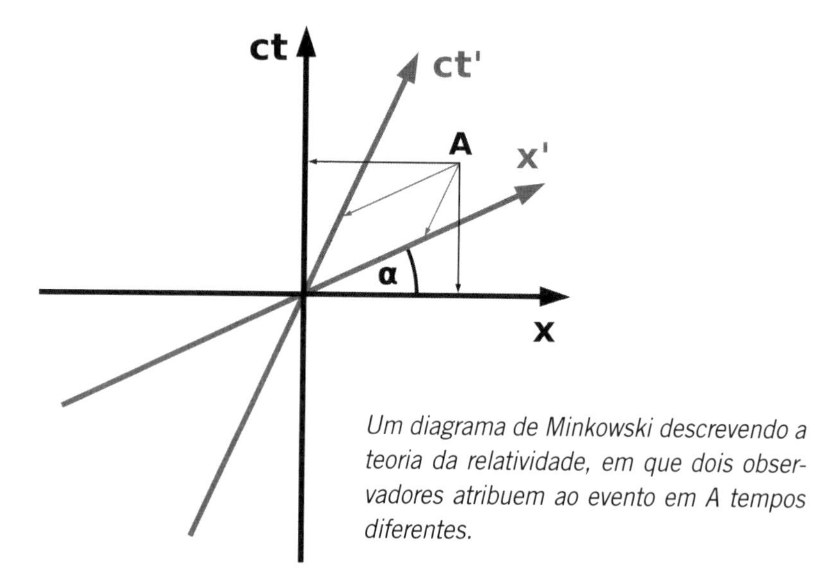

Um diagrama de Minkowski descrevendo a teoria da relatividade, em que dois observadores atribuem ao evento em A tempos diferentes.

O fato de nada ser capaz de se deslocar mais rápido do que a luz impõe uma restrição sobre a maneira como os eventos podem influenciar um ao outro no espaço tempo. As possíveis linhas de universo da velocidade da luz provocadas por um evento se propagam a partir dele em um círculo crescente, como ondas se espalhando em um lago a partir do ponto em que um peixe salta e rapidamente retorna à água. Imagine todos esses círculos se espalhando a cada segundo se empilhando um em cima do outro ao longo da linha do tempo. À medida que os círculos, cada qual maior do que o anterior, se empilham ao longo da linha do tempo eles formam um cone invertido, com seu ponto na origem do evento. Isso é chamado de cone de luz. O cone de luz futuro dos eventos traça todos os possíveis eventos futuros no espaço-tempo que o evento pode afetar. Pelo fato de nada poder viajar mais rápido do que a luz, qualquer coisa fora do cone de luz possivelmente não pode ser influenciado ou ter conhecimento do evento.

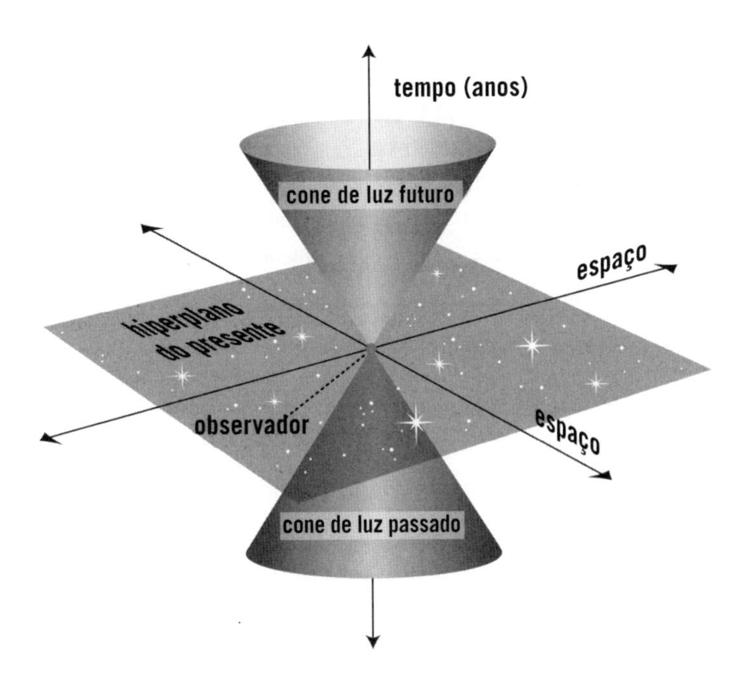

Existe também um cone de luz passado exatamente simétrico se expandindo a partir do evento no passado. Os cones de luz passado e futuro dividem o espaço-tempo em três regiões. O futuro absoluto do evento é a região dentro do cone de luz futuro. Ele contém tudo que possa vir a acontecer como resultado do evento. O passado absoluto do evento é tudo o que está dentro do cone de luz passado. Ele contém tudo que possivelmente poderia ter causado ou afetado o evento. Tudo que estiver fora do cone de luz passado pode não ter tido nenhum efeito no evento em questão, ou o causado. Tudo que cai fora dos cones de luz passado e futuro de um evento é dito estar "em algum outro lugar". Qualquer coisa em "algum outro lugar" não é capaz de ter conhecimento do evento e nem influência sobre ele ou ser afetado por ele.

INDOLENTE

Einstein estudou sob a tutela de Minkowski no politécnico de Zurique, mas nunca impressionou seu professor. Em uma conversa com Max Born sobre a teoria da relatividade, Minkowski comentou: "Foi uma tremenda surpresa, já que na sua época de estudante Einstein era um aluno indolente... Ele jamais se preocupou com matemática".

O físico britânico Stephen Hawking ilustra a utilidade dos cones de luz descrevendo um cenário que ocorreria na Terra caso o Sol sumisse repentinamente. Devido ao tempo que a luz do Sol leva para atingir a Terra, não saberíamos nada a respeito do evento de extinção até a Terra ter entrado no cone de luz futuro do Sol oito minutos depois. Até este momento, não seríamos afetados pelo fato de o Sol ter desaparecido.

Não é essencial termos luz de modo a termos um cone de luz. O cone de luz é simplesmente um mapa da geografia do espaço-tempo que mostra os limites das possíveis interações que podem ter tido com o evento. Todo evento no espaço-tempo possui o seu próprio cone de luz, significando que o espaço-tempo é preenchido com um interminável número de cones que se sobrepõem infinitamente.

Espaço-tempo e simultaneidade

Os diagramas espaço-tempo podem ser usados para explicar alguns dos efeitos enigmáticos da teoria da relatividade especial, como, por exemplo, a dilatação do tempo e a contração do comprimento.

Qualquer evento que ocorra simultaneamente com outro na linha de universo do observador cairá sobre o hiperplano que é perpendicular àquela linha de universo. Em outras palavras, todos os pontos sobre o hiperplano caem no mesmo ponto no tempo, embora possam ser muito separados no espaço.

Imagine agora um segundo observador, movimentando-se de forma relativa em referência ao primeiro. A linha de universo do segundo observador segue uma trajetória angular em relação à do primeiro, significando que a fatia do seu hiperplano também será inclinada em relação ao primeiro. O observador 2 não pode concordar com a percepção do observador 1 de quais eventos específicos são simultâneos entre eles.

Antes das revelações de Einstein em 1905, era largamente aceito que todo mundo vivenciava o tempo da mesma maneira. Na realidade, todos nós temos uma versão ligeiramente diferente do pequeno livro ilustrado de desenho animado espaço-temporal.

Viajando no espaço-tempo

Imagine que você esteja em um avião voando no sentido sul. O piloto faz uma correção de rota de modo que o avião agora está voando no sentido sudoeste. O avião ainda está voando na direção sul, mas não tão rapidamente quanto antes pois parte de sua velocidade agora está levando para o oeste também. O que isso tem a ver com o espaço-tempo?

Na física newtoniana, viajar no tempo e viajar no espaço eram considerados duas coisas bastante distintas. Porém, de acordo com Einstein, as duas coisas estão inextricavelmente associadas. Se você estiver estacionário – ou seja, não estiver se movimentando pelo espaço – então todo o seu movimento espaço-tempo é através do tempo. Quando você começa a se mover, parte do seu movimento através do tempo é redirecionado para o movimento através do espaço. Da mesma forma que o avião mudando de rota, a velocidade de sua jornada ao longo do tempo desacelera quando parte do movimento é usada para a jornada através do espaço.

Pelo fato de a velocidade da luz ser constante, as medidas de espaço e tempo de um observador diferem daquelas de outro observador em movimento relativo, de modo que cada um deles mede o mesmo valor para a velocidade da luz. De acordo com a relatividade especial, a velocidade combinada do movimento de um objeto através do tempo e através do espaço é exatamente igual à velocidade da luz. Trata-se de uma velocidade limite superior que não pode ser vencida. Para um objeto em movimento, o tempo tem que desacelerar, caso contrário a velocidade total combinada através do espaço-tempo excederia a velocidade da luz. À velocidade da luz todo movimento espaço-tempo tornou-se movimento através do espaço sem restar nada para o movimento através do tempo. Razão pela qual um fóton de luz, conforme vimos anteriormente, percorre instantaneamente o universo segundo sua própria perspectiva.

Esses efeitos relativísticos no tempo são maiores quanto mais perto estivermos da velocidade da luz, mas se aplicam a qualquer movimento através do espaço, mesmo em baixas velocidades. Experimentos realizados usando-se relógios atômicos demonstraram que os relógios em um avião que está em pleno voo giram a alguns bilionésimos de centésimos de segundo mais lentos do que os relógios que permanecem no solo. Certamente trata-se de uma diferença ínfima, porém, ela concorda exatamente com as previsões da relatividade especial.

Espaço-tempo absoluto

Einstein jamais ficou totalmente satisfeito com o fato de sua teoria ser chamada de teoria da "relatividade". Conforme ele havia demonstrado, algumas coisas eram relativas, como movimento, distâncias e a duração do tempo, porém, todas elas ocorrem tendo como pano de fundo imutável o espaço-tempo, cuja geometria era rigidamente ditada pela velocidade da luz. O espaço-tempo absoluto é tão crucial para o entendimento da relatividade especial quanto eram o tempo absoluto e o espaço absoluto para a física newtoniana. Einstein preferiu imaginar o seu trabalho como teoria da invariância, fundamentado na natureza invariável do espaço-tempo e na velocidade da luz imutável. O físico Abraham Pais, que provavelmente escreveu a melhor biografia científica de Einstein, disse que Einstein era particularmente bom em duas coisas: "Ele sabia como inventar princípios de invariância e como fazer uso de flutuações estatísticas".

Uma invariante é algo que permanece constante sob diversas transformações. Uma esfera é uma invariante pois ela se parece a mesma independentemente de como você a gire. Um cubo, entretanto, é invariante apenas quando efetuamos rotações de 90° – se você girar uma de suas faces de forma inclinada, ele parecerá diferente. O *insight* de Einstein na teoria especial foi o fato de a velocidade da luz ser uma invariante. Ela é constante, não importando quem a meça ou quão rapidamente eles estejam se deslocando naquele dado momento.

CAPÍTULO 11

Por que $E = mc^2$?

Esta é a fórmula mais famosa da ciência; mas qual o seu significado?

Até agora, vimos o que acontece com objetos em movimento uniforme. Conforme já visto, à medida que um objeto se aproxima da velocidade da luz, o tempo desacelera e seu comprimento contrai ao longo da direção do percurso. Mas o que faz com que um objeto esteja em movimento? Conforme afirmou Newton, um objeto permanecerá em repouso ou em movimento uniforme a menos que uma força atue sobre ele. A teoria de Einstein mudou o estudo das forças e movimentos (dinâmica) e levou à famosa equação $E = mc^2$.

Einstein publicou sua ideia em um curto artigo como uma espécie de arremate para a teoria da relatividade especial. Ele se intitulava "A Inércia de um Corpo Depende do seu Conteúdo de Energia?" e o apresentou para apreciação ao *Annalen der Physik* (Anais da Física) em setembro de 1905.

Força e momento

Diz-se de um objeto em movimento ter momento, que é uma medida da quantidade de movimento. Ele é definido pela equação:

Momento = massa × velocidade

Aumentar a massa ou então a velocidade de um objeto aumenta o seu momento. Quando dois objetos em movimento colidem, a energia e o momento são transferidos entre eles. Essa troca resulta em uma força atuando sobre os dois objetos. Força é uma medida da taxa de transferência de energia e momento. Força, energia e momento se relacionam entre si segundo as fórmulas:

Momento ganho = força × tempo durante o qual a força atua
Energia ganha = força × distância através da qual a força atua

O QUE É ENERGIA?

O E na equação de Einstein significa energia, mas o que é energia? O uso moderno do termo data dos anos 1840, quando foi usado pela primeira vez pelo físico William Thomson (que mais tarde veio a se tornar o Lorde Kelvin). Ele se deu conta de que a energia que impulsionava diversos processos diferentes poderia ser explicada em termos de transferência de energia de um sistema e forma para outro. A energia vem em diferentes formas. Por exemplo, existe a energia química armazenada em nossos músculos e que possibilita que nos movimentemos, há a energia cinética, a energia do movimento, a energia potencial, como aquela armazenada em uma corda bem esticada de um violão, há a energia eletromagnética, a energia calorífica e a energia atômica.

Sem energia, nada aconteceria. Quanto maior for a quantidade de energia disponível, maior o que pode ser alcançado. Se um objeto for descrito como energético, significa que ele é capaz de fazer coisas. Os cientistas acreditam que a quantidade de energia existente no universo é limitada. A energia pode se transformar de uma forma para outra, mas não pode ser criada ou destruída.

Lord Kelvin.

Ambas as fórmulas são verdadeiras tanto na física clássica newtoniana quanto na física relativística de Einstein.

Da mesma forma que a energia é conservada em qualquer interação, o mesmo também acontece com o momento. A terceira lei de Newton:

> *Para toda ação existe uma reação oposta e de mesma intensidade.*

provém disso. Por exemplo, quando um foguete é lançado, seu momento para cima é equilibrado pelo momento para baixo dos gases quentes expelidos de seus motores.

Na física clássica, era teoricamente possível transmitir a um objeto a maior quantidade de momento que se desejasse e acelerá-lo a qualquer velocidade desejada. Tudo o que precisávamos fazer era aplicar uma força suficientemente grande por um período de tempo suficientemente longo, e seria possível até mesmo ultrapassar a velocidade da luz. Mas isso é algo que a teoria da relatividade simplesmente não admite.

Na física relativística, também é possível transmitir a um objeto um momento ilimitado aplicando-se uma força a ele. Mas não importa o quanto ou por quanto tempo uma força seja aplicada, o objeto jamais atingirá uma aceleração superior à velocidade da luz.

No modelo clássico era naturalmente pressuposto que a massa do objeto permanecesse a mesma e um aumento no momento significava um aumento na velocidade. Mas Einstein apontou incisivamente que esse não era o caso – mantendo que à medida que a velocidade de um objeto aumentasse, o mesmo aconteceria com a sua massa. À medida que o objeto se aproxima da velocidade da luz, menor será a quantidade do aumento no momento que será absorvida por um aumento na velocidade e maior será a quantidade absorvida devido a um aumento na massa.

O QUE É MASSA?

Massa é a quantidade de "material" que algo contém. Podemos medir massa medindo o peso, que é a massa gravitacional. Um saco de batatas de 10 kg é, certamente, mais "pesado" do que um saco de 5 kg, mas um saco de batatas de 10 kg pesará apenas 1,6 kg na Lua muito embora ainda tenhamos a mesma quantidade de batatas que tínhamos na Terra. Em outras palavras, a massa deles será a mesma. Massa também é uma medida da quantidade de inércia, ou resistência ao movimento, que um objeto tem – sua massa inercial. Da equação de Newton

Força = massa × aceleração ($F = ma$)

podemos determinar qual é a quantidade de matéria presente em um objeto a partir da intensidade de força que temos que aplicar para que ele se movimente.

Da mesma forma que os efeitos da dilatação do tempo e contração do comprimento, um aumento de massa não é sentido pelo objeto em si. A tripulação de uma espaçonave que se aproxima da velocidade da luz não tem a impressão de estar ficando mais pesada. O aumento na massa é aparente apenas para um observador externo que se encontra relativamente estacionário em relação à espaçonave e que observa que ela está tendo resistência para ser acelerada.

De acordo com a teoria da relatividade, um objeto não pode ser acelerado além da velocidade da luz, pois o quão mais próximo ele estiver da velocidade da luz, maior será sua tendência de aumentar infinitamente sua massa. Torna-se cada vez mais difícil acelerar, pois a quantidade de energia necessária para fazê-lo também aumenta. Quando Einstein publicou sua teoria, era sabido que o grau de dificuldade para acelerar elétrons em um tubo de raios catódicos era crescente à medida que se aproximavam da velocidade da luz. Na época, pensava-se que isso fosse causado por alguma relação entre o elétron e o campo eletromagnético, porém, Einstein demonstrou que isso era resultado do aumento na massa do elétron.

Energia cinética

A energia do movimento, a energia cinética, é dada pela seguinte equação:

$$E_c = \frac{1}{2}mv^2$$

Isso significa que a energia cinética de um objeto é igual à metade de sua massa multiplicada pelo quadrado da velocidade. Isso funciona bem para as "baixas" velocidades do cotidiano, porém, se torna cada vez mais impreciso à medida que se aproxima da velocidade da luz já que *m*, a massa, começa a crescer.

Um objeto em movimento aumenta em massa e possui energia cinética em virtude de seu movimento. À medida que um objeto em movimento desacelera, ele perde energia cinética. Um objeto em repouso tem energia cinética zero. Obviamente, a massa de um objeto não pode ser nula. A menor massa que um objeto pode ter é sua massa em repouso, e sua massa em movimento é chamada de massa relativística.

Finalmente, $E = mc^2$

Se um objeto estiver se movendo a uma velocidade quase igual à velocidade da luz, então qualquer força atuando sobre ele (e transmitindo energia e momento) provocará nele um aumento de massa pois ele não é capaz de ir mais rápido. Já vimos que a energia ganha é igual à força multiplicada pela distância através da qual a força atua. A uma velocidade bem próxima da velocidade da luz, a distância que o objeto percorre é aproximadamente a mesma que a distância percorrida pela luz nesse mesmo tempo. Podemos escrever isso por meio de uma equação:

$E = força \times c$
(onde E = energia e c = velocidade da luz)

Como o momento é igual a massa × velocidade e a velocidade não muda durante o tempo em que a força atua, a massa aumenta em certo valor e a velocidade permanece próxima da velocidade da luz. Podemos representar isso como:

$força = m \times c$
(onde m = massa)

Essas duas equações podem ser combinadas em:

$$E = força \times c = (m \times c) \times c$$

e que é simplificada em:

$$E = mc^2$$

Os dois lados da mesma moeda

A equação de Einstein diz que energia e massa são a mesma coisa. Se um objeto ganhar ou perder massa ou energia, ele ganhará ou perderá uma quantidade equivalente de energia ou massa de acordo com a fórmula $E = mc^2$. Ela permanece verdadeira para outras formas de energia, bem como para a energia cinética? Por exemplo, um objeto perde massa à medida que ele resfria? Sim, ele perde: a temperatura é uma medida da velocidade em que átomos e moléculas que constituem uma substância estão se movimentando; portanto, de acordo com $E = mc^2$, quanto mais rapidamente eles se movimentarem, maior quantidade de massa eles terão.

Einstein acreditava que sua fórmula iria explicar uma curiosa descoberta feita pela física polonesa Marie Curie. Ela havia observado que uma onça de rádio radioativo produzia 4.000 calorias de calor por hora, parecendo continuar indefinidamente. De onde, perguntava a si mesma, provinha essa energia? De acordo com Einstein, à medida que o rádio irradiava calor, ele também estava perdendo massa. Mas o equipamento disponível na época não era suficientemente preciso para medir o minúsculo valor de massa que estava sendo convertido em energia e não havia nenhuma maneira de se verificar a explicação de Einstein. Einstein escreveu: "A ideia é engraçada e encantadora, mas se o Todo-Poderoso está rindo dela ou não e me ludibriando – isso eu não consigo saber".

Anos mais tarde, em 1948, Einstein explicou a equivalência entre massa e energia:

> *"Decorre da teoria da relatividade especial que massa e energia são ambas manifestações do mesmo, porém diferentes entre si... Ademais, a equação $E = mc^2$, em que a energia é considerada igual à massa, multiplicada pelo quadrado da velocidade da luz, mostrou que quantidades de massa muito pequenas podem ser convertidas em uma quantidade enorme de energia e vice-versa. Massa e energia eram, na realidade, equivalentes, de acordo com a fórmula mencionada anteriormente".*

A velocidade da luz é um número muito grande; elevada ao quadrado, é um número de fato enorme. Se fosse possível converter em energia até mesmo uma pequeníssima porção de matéria, o resultado seria imenso. O físico Richard Wolfson calculou que em uma uva-passa há armazenada energia quase suficiente para suprir as necessidades de uma cidade como Nova York por um dia.

CAPÍTULO 12

Como Einstein Encaixou a Gravidade na Relatividade?

A relatividade especial foi apenas o começo; agora Einstein tinha de encontrar uma maneira de inserir a gravidade em seus cálculos.

Ao estabelecer a teoria da relatividade especial, Einstein concentrou-se exclusivamente em objetos movendo-se em movimento uniforme. Ele optou por ignorar objetos que estavam acelerando e objetos afetados pela gravidade. Fez isso por uma simples razão: tornar os cálculos muito mais fáceis. Em artigo ao jornal *The Times* de 28 de novembro de 1919, disse:

> *"... a teoria da relatividade faz lembrar um edifício de dois andares distintos: a teoria especial e a teoria geral. A teoria especial, sobre a qual a teoria geral se apoia, aplica-se a todos os fenômenos físicos, exceto o da gravitação; a teoria geral contempla a lei da gravitação e suas relações com as outras forças da natureza."*

A formulação da teoria geral consumiria sete anos de árduo trabalho de Einstein. O físico Dennis Overbye descreveu sua realização como "pode-se dizer que este seja o mais prodigioso empreendimento de brilhantismo prolongado por parte de um homem na história da física". O que surgiu foi uma visão do universo totalmente diversa do que qualquer outra anterior.

O mistério da gravidade

A relatividade especial foi construída em torno do fato de que a luz seria a onda mais rápida do universo; porém, isso contradizia diretamente as ideias de Newton sobre o funcionamento da gravidade. De acordo com Newton, a gravidade fazia sentir seus efeitos instantaneamente – do Sol sustentando a Terra em órbita, à trajetória de uma sonda espacial a Plutão ou um paraquedista acrobático caindo em direção à terra, a gravidade atuava sem retardo, aparentemente propagando-se através do espaço mais rápido que a luz. Se o Sol desaparecesse, a Terra seria "estilingada" para fora de sua órbita no mesmo segundo – não haveria os oito minutos de espera para ela adentrar o cone de luz do Sol. Mas se Einstein estivesse certo, então isso não seria possível.

A lei da gravitação universal de Newton tem sido sustentada repetidamente por observação e experimentação. Portanto, como a gravidade se faz sentir? Obviamente, tratava-se de uma força que atuava a uma distância e não exigia qualquer contato físico para funcionar. Da mesma forma, diferentemente de qualquer outra força, era impossível nos blindarmos contra seus efeitos. A lei de Newton explicava como calcular os efeitos da gravidade, mas não explicava o que a causava. De certa maneira ele passou a batata quente para frente ao escrever em seu *Principia*: "Deixo este problema para as considerações do leitor".

Aceleração

Conforme demonstrado por Einstein, se estivermos em movimento uniforme então é impossível demonstrar que estamos realmente nos deslocando. O movimento acelerado é bem diferente. Se mudarmos a velocidade ou a direção, sentiremos isso. Sem olharmos para o lado de fora pela janela, sabemos quando um trem está fazendo uma curva pois sentimos o próprio corpo se inclinar para o lado. Similarmente, quando uma aeronave começa a acelerar pela pista para levantar voo, sentimo-nos pressionado para trás no assento. Sem qualquer indicação visual, podemos dizer quando um elevador começou a subir ou descer. Quando aceleramos, sentimos forças inerciais – as forças que resistem a uma mudança de velocidade ou direção. Essas são as forças que nos jogam para a lateral do trem quando ele faz uma curva; e são as forças que fazem com que nosso cafezinho caia da xícara quando o ônibus em que estamos viajando passa por um buraco.

Um, dois, queda livre

Em seu legendário experimento na Torre de Pisa, Galileu demonstrou que levaria o mesmo tempo para uma pedra pequena e outra grande atingirem o solo. Isso porque as duas pedras aceleram na mesma velocidade e isso permanece verdadeiro não importa qual seja a diferença de massa entre elas. Galileu não conseguia explicar porque isso acontecia, mas Newton o fez com sua segunda lei do movimento Força = massa × aceleração. A aceleração de um objeto em queda livre na Terra é sempre a mesma: 9,8 m/s (para outros planetas ela é diferente). Esse conceito, de que a gravidade acelera todos os objetos na mesma velocidade independentemente de qual matéria sejam feitos, é chamado de "Universalidade da Queda Livre" ou "Princípio da Equivalência". Einstein viria a construir sua teoria da gravidade assumindo que o Princípio da Equivalência era verdadeiro.

Isso acontece devido a duas grandezas da teoria newtoniana, a massa inercial de um corpo e sua massa gravitacional, serem exatamente iguais. Einstein acreditava que isso não era mera coincidência. Caso fosse encontrar uma teoria da gravidade que funcionasse, teria de explicar esse fenômeno.

A ideia mais feliz de Einstein

No que ele próprio chamou de sua "ideia mais feliz", tida muito provavelmente em novembro de 1907, Einstein se deu conta de que gravidade e aceleração eram equivalentes – em outras palavras, sem um referencial não se consegue distinguir uma da outra. Em uma conferência em Kyoto, Japão, em 1922, disse ele:

> *"Estava eu sentado em uma cadeira no órgão de registro de patentes de Berna quando, de repente, me ocorreu uma ideia: se uma pessoa cai em queda livre ela não sentirá o seu próprio peso. Fiquei pasmo. Essa simples ideia causou-me um grande impacto. Ela me impeliu a criar uma teoria da gravitação."*

Caso lhe ocorra o infortúnio de estar em um elevador no último andar de um arranha-céu quando o cabo do elevador se rompe, você começará imediatamente a precipitar-se para o seu trágico destino. Entretanto, você ainda terá tempo para observar alguns fenômenos intrigantes. Seus pés não estarão mais fazendo força contra o piso do elevador. Caso opte por 'sair do chão', você não irá cair e atingir o piso de volta. É como se a gravidade tivesse desaparecido. Não existe nenhum experimento que se possa realizar que irá, de forma conclusiva, demonstrar que você está caindo em direção ao solo ou flutuando livremente no espaço sideral bem distante de qualquer influência da força gravitacional. Se você fechar os olhos (e, provavelmente, você o fará), poderá imaginar-se um astronauta em condições de ausência de gravidade. As leis da física são as mesmas para o ocupante do elevador despencando e para o astronauta.

Einstein em uma caixa

Em mais um de seus famosos e bem pensados experimentos mentais, Einstein imaginou um físico que desperta em uma caixa. Sem o físico saber, a caixa não se encontra mais na Terra, mas sim no espaço sideral e em aceleração uniforme. Se o físico fosse lançar objetos na caixa, sua inércia faria com que eles caíssem no "fundo" da caixa, isto é, na direção oposta àquela em que a caixa está se deslocando. Todos os objetos arremessados pelo físico cairiam exatamente da mesma forma, não importando sua massa nem composição, o que está de acordo com as teorias de Galileu e de Newton. O físico iria então concluir que existia um campo gravitacional em ação dentro da caixa.

Einstein afirmou que havia de fato um campo gravitacional. Ele formulou um princípio de equivalência que afirmava que os efeitos da aceleração uniforme eram indistinguíveis daqueles da gravidade. A aceleração cria um campo gravitacional. De acordo com o princípio da equivalência de Einstein, o físico dentro da caixa iria se considerar como estando em um campo gravitacional e em um estado de não aceleração, mas um observador veria a caixa acelerando uniformemente através do espaço livre de gravidade. Cada ponto de vista relativo é igualmente válido. Foi isso que fez com que a massa inercial e a massa gravitacional fossem a mesma.

Desvio para o vermelho

O princípio da equivalência de Einstein prevê que o comprimento de onda da radiação eletromagnética irá aumentar à medida que ela for saindo do poço de gravidade, fenômeno conhecido como desvio gravitacional para o vermelho.

Graças à equação de Einstein $E = mc^2$ e a lei de Planck $E = \hbar f$ estabelecendo uma relação entre a energia da luz e sua frequência, tornou-se aparente que para um fóton sair de

O "COMETA DO VÔMITO"

A NASA treina seus astronautas a bordo de uma aeronave modificada que percorre uma trajetória de voo em forma de parábola e em queda livre. Isso possibilita que os astronautas vivenciem uma condição próxima da ausência de peso por cerca de 20 segundos. A aeronave é conhecida como "Maravilha da Ausência de Peso" ou o "Cometa do Vômito" já que os efeitos da perda da gravidade podem induzir náusea. A aeronave é capaz de percorrer 40 a 60 parábolas ao longo de um voo de inspeção. Primeiramente, o piloto conduz a aeronave para cima a um ângulo de 45° antes de reduzir a injeção de combustível nos motores para desacelerá-la para baixo completando a parábola. À medida que a aeronave retoma seu voo normal depois de seu mergulho, os passageiros e a tripulação experimentam uma força equivalente a duas vezes àquela da gravidade normal.

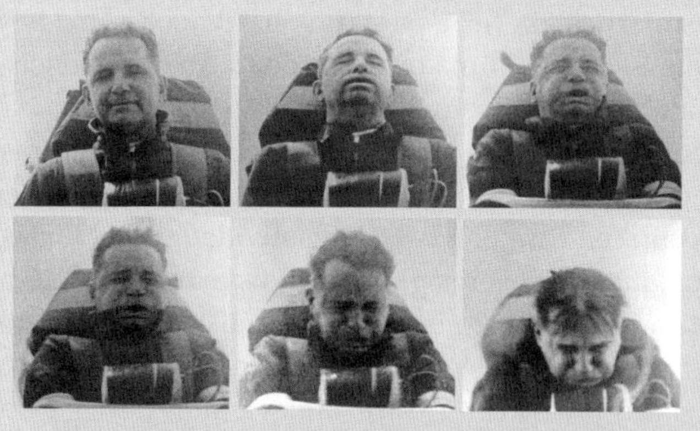

O coronel John Stapp passando por um teste de força da gravidade elevada.

seu campo gravitacional, ele precisa perder energia. Como os fótons sempre se deslocam à velocidade da luz, esta energia é vista como uma diminuição na frequência e não uma redução na velocidade. Essa diminuição da frequência do fóton corresponde a um "desvio para o vermelho" para a extremidade de menor frequência e menor comprimento de onda do espectro.

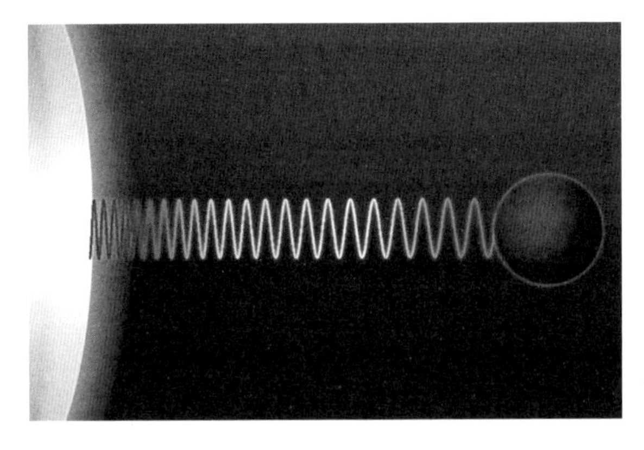

Desvio gravitacional para o vermelho.

Outra consequência do desvio para o vermelho é a diminuição no ritmo do tempo. Se enviássemos um feixe de luz da superfície da Terra para um observador numa posição bem acima, ele verá uma diminuição da sua frequência, significando que o intervalo de tempo entre uma crista de onda e a seguinte aumentou. Para o observador lá nas alturas, parecerá que os eventos lá embaixo estão levando mais tempo para acontecer. Essa previsão da relatividade geral foi testada em 1962 quando dois relógios atômicos extremamente precisos foram colocados em um arranha-céu, um deles no topo e o outro no térreo. O relógio do térreo, aquele mais profundo no poço de gravidade terrestre, andava mais devagar do que aquele colocado no topo do edifício.

Solucionando o paradoxo dos gêmeos

Vimos anteriormente o paradoxo dos gêmeos em uma espaçonave viajando próximo da velocidade da luz e que, ao retornar para a Terra, o astronauta agora é mais jovem do que seu irmão gêmeo que ficou por aqui. O gêmeo da espaçonave teve de acelerar para se aproximar da velocidade da luz (e desacelerar para diminuir o ritmo, dar meia-volta e regressar). A aceleração é equivalente à da gravidade e esta, conforme já visto, reduz o ritmo do tempo. Segue-se, portanto, que a aceleração também diminui o ritmo do tempo. O gêmeo viajante do espaço envelhece mais lentamente do que seu irmão gêmeo pois ele estava acelerando enquanto o seu gêmeo não. Enfatizando, isso demonstra que não existe o conceito de tempo absoluto na relatividade; o tempo é algo pessoal para todo mundo, medido de acordo com a posição onde nos encontramos e como estamos nos movendo.

Ao princípio da equivalência, Einstein acrescentou o princípio da relatividade, que afirma que as leis da física em qualquer referencial são governadas pela teoria da relatividade especial. Essas foram as bases sobre as quais ele construiu sua teoria da relatividade geral, que estendeu o conceito de espaço-tempo a tudo na física e, particularmente, à teoria da gravitação.

LUZ DEFLETIDA, TEMPO DESACELERADO

Einstein percebeu que uma das consequências do princípio da equivalência era que o percurso de um feixe luminoso seria desviado pela gravidade. Imagine um fóton atravessando a caixa do físico à medida que ele acelera através do espaço. Enquanto o fóton atravessa a caixa, sua base (piso) acelera para cima, significando que o fóton parece cair.

Uma segunda consequência do princípio da equivalência é que o tempo diminui de ritmo em um campo gravitacional. Esse efeito, denominado dilatação do tempo devido à gravidade, significa que observadores a diferentes distâncias de um grande objeto (que produz um campo gravitacional) obterão medidas diferentes para o tempo decorrido entre dois eventos. Trata-se de uma consequência direta do fato de que um observador fora da caixa (isto é, fora do campo gravitacional) vê o fóton seguir uma linha reta, porém, o físico dentro da caixa o vê percorrer uma trajetória encurvada e mais longa. Pelo fato de a velocidade da luz não poder mudar, o relógio do físico deve andar mais lentamente para permitir que ambas as jornadas possam ser feitas no mesmo tempo.

CAPÍTULO 13

Como Einstein Define a Gravidade?

Por séculos acreditava-se que a gravidade fosse uma força de atração entre dois objetos, mas para Einstein ela era simplesmente resultado de uma deformação do espaço-tempo.

Que efeito tem a gravidade no espaço-tempo? A ideia central da relatividade geral é que não se trata de uma força atuando entre objetos, mas sim o resultado de uma deformação do espaço-tempo causada pelos objetos nele contidos. Quanto maior o objeto, maior o número de curvas do espaço-tempo em torno dele.

Gravidade e força das marés

Imagine duas espaçonaves movendo-se ao longo de trajetórias paralelas através do espaço vazio na mesma velocidade relativa entre elas. Desde que nenhuma força atue sobre elas, suas trajetórias seguirão uma linha reta. Suponha agora que haja um planeta mais adiante. De acordo com Newton, sua gravidade exerce uma força quer irá tirar a espaçonave do curso, fazendo suas trajetórias convergirem. Isso acontece porque ambas estão sendo puxadas na direção do centro de gravidade do planeta, de modo que ambas estão se movendo no sentido do mesmo ponto no espaço. É esta diferença na direção que é responsável pela diminuição na distância entre as duas espaçonaves. Os físicos chamam essa diferença de força de "força das marés", pois é exatamente essa diferença entre a atração gravitacional da Lua sobre a Terra e os oceanos da Terra que fazem com que as marés subam e desçam.

As forças das marés também nos mostram que a gravidade não é inteiramente "anulada", mesmo em queda livre. Para um objeto em queda livre, de proporções humanas, na gravidade da Terra, haverá a força das marés atuando devido aos "pés" do objeto, mais próximos do solo, estarem sentindo uma atração gravitacional ligeiramente mais forte do que a "cabeça" do objeto, que está mais distante do centro de gravidade. É uma diferença insignificantemente pequena, mas, no entanto, ela existe.

Superfícies curvas

Estamos familiarizados com a geometria de superfícies planas. A soma de todos os ângulos de um triângulo é sempre igual a 180 graus; duas retas paralelas jamais se encontrarão, e assim por diante. Mas há uma maneira pela qual duas retas paralelas poderão convergir.

A superfície de uma esfera também é uma superfície plana. Não há linhas retas em uma esfera, ou em qualquer outro tipo de superfície curva, porém, podemos construir linhas que são as mais retas possível. Os matemáticos chamam essas linhas que são as mais retas possível de "geodésicas". No caso da esfera, a menor distância entre dois pontos cairá ao longo da trajetória de um grande círculo, o maior dos círculos que pode ser desenhado numa dada superfície. Rotas de grandes círculos são aquelas usadas por pilotos de linhas aéreas para garantir que eles sigam a rota de voo mais curta entre dois aeroportos.

Em vez de uma espaçonave, imagine agora dois talha-mares "supersônicos" indo em direção ao norte no paralelo do Equador ao Polo Norte. Sem mudar o curso, eles irão colidir no Polo Norte quando suas trajetórias se encontrarem. Nenhuma força atuou sobre eles, porém, pelo fato de eles estarem se movendo ao longo da superfície curva de uma esfera suas rotas se cruzarão inevitavelmente.

Para ver como isso acontece podemos construir um triângulo sobre a superfície da esfera a partir da intersecção de três geodésicas. A base do triângulo está sobre a linha do Equador e representa a distância entre os dois talha-mares. Ambos os ângulos no Equador são ângulos retos, portanto,

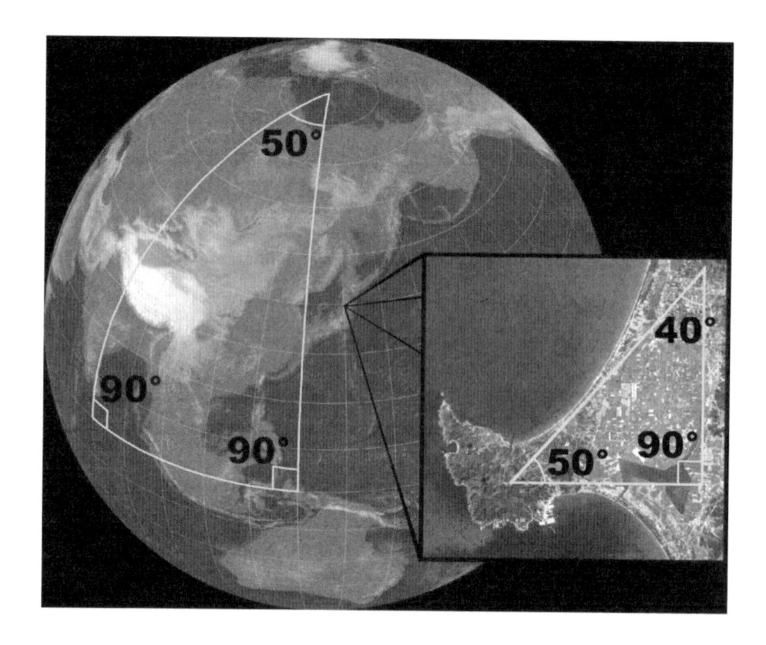

as rotas de voo iniciais são paralelas. Porém, as rotas convergem na ponta Polo Norte do triângulo. A soma de todos os ângulos do triângulo será maior do que 180 graus.

Apenas quando se observa regiões maiores da esfera que se torna aparente que a superfície é curva. Você pode andar o dia inteiro e não terá nenhuma impressão de que está se movendo ao longo da superfície de uma esfera, mas caso você se elevasse no ar a dezenas de quilômetros ou mais, você seria capaz de discernir a curvatura da Terra. O mesmo é verdadeiro para qualquer superfície curva: uma seção suficientemente pequena de uma superfície é efetivamente indistinguível de uma superfície plana.

Espaço-tempo curvo

Einstein pegou esta propriedade da curvatura e fez uma comparação com a maneira como a gravidade opera. Para uma região muito pequena do espaço-tempo – por exemplo, um físico flutuando livremente em uma caixa no espaço movendo-se uniformemente – não há gravidade. O interior da caixa obedece às leis do espaço-tempo da relatividade especial, em que a gravidade está ausente. Isso é análogo à superfície plana e às leis que governam o movimento são bem mais simples. Desde que nenhuma força atue sobre um objeto, ele continuará a se deslocar em linha reta a uma velocidade constante, seguindo uma trajetória reta através do espaço-tempo.

Se acrescentarmos a força da gravidade à situação, colocando, por exemplo, um grande planeta no caminho do físico, Newton dita que o planeta irá exercer uma força sobre todos os objetos à sua volta. O desafortunado físico começará a sentir os primeiros efeitos da aceleração à medida que sua trajetória começar a se curvar no sentido do planeta.

Em sua teoria da gravidade, Einstein observa os eventos de um jeito diferente. Em vez de exercer uma força, uma massa provoca a distorção do espaço-tempo. O espaço-tempo vazio, o espaço-tempo da relatividade especial, é plano. Mas quando há presença de matéria, o espaço-tempo é curvo. Da mesma forma que não há linhas retas na superfície de uma esfera, não há linhas retas no espaço-tempo curvo. A menor distância que conseguimos nos aproximar da linha reta no espaço-tempo curvo, da mesma forma que acontece em uma esfera, é uma geodésica, uma curva que é a mais reta possível. O físico rumo ao planeta não foi desviado de seu curso em linha reta, porém, a presença de um grande planeta distorcendo o espaço-tempo mudou a forma que a linha reta pode assumir. Ele redefiniu a geometria do espaço-tempo. De acordo com a relatividade geral, um objeto segue uma geodésica em linha reta através do espaço-tempo, porém, sob nossa perspectiva tridimensional a trajetória parece curvada.

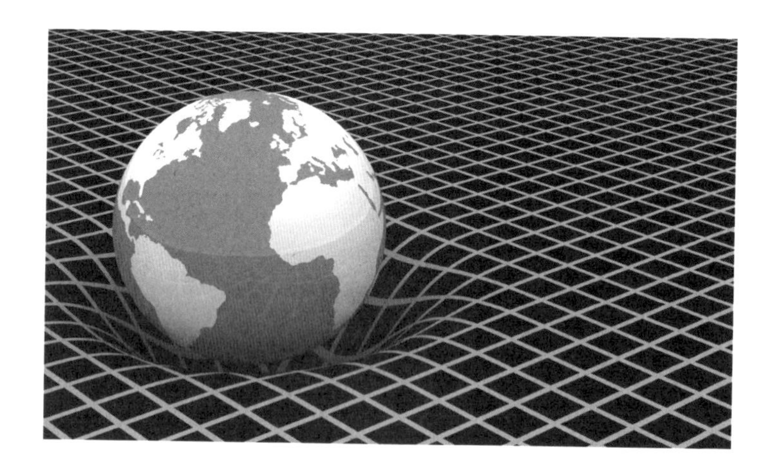

A Terra cria um abaulamento no espaço-tempo, curvando-o em torno de si mesmo. A Lua segue uma trajetória reta através do espaço-tempo encurvado da Terra, que para nós parece levá-la a uma órbita circular (embora, na realidade, ela seja elíptica, já que a Lua encurva o espaço-tempo também) em torno da Terra. A relatividade geral prevê que os raios luminosos serão encurvados por campos gravitacionais pois a luz também segue geodésicas através do espaço-tempo. Essa curvatura da luz pela gravidade foi, como veremos mais tarde, uma das primeiras confirmações de que a teoria de Einstein estava correta.

Uma dança para a música do espaço-tempo

Esta é a base da teoria de Einstein. A gravidade de Newton é uma força que atua sobre objetos e influencia seus movimentos, mas a gravidade no universo de Einstein é resultado do espaço-tempo curvado, uma distorção da geometria do espaço-tempo. Os objetos seguem trajetórias que são a mais reta possível através do espaço-tempo, mas devido ao espaço-tempo agora ser curvo eles aceleram à medida que estiverem submetidos à influência de uma força gravitacional. No universo de Einstein, matéria e espaço-tempo interagem em uma complexa e permanentemente mutável dança. A matéria distorce a geometria do espaço-tempo e essa geometria distorcida dita como a matéria se movimenta através dela. À medida que a matéria se movimenta e as fontes de gravidade mudam de posição, o mesmo se dá com as curvas em remoinho do fluxo e refluxo do espaço-tempo. Conforme sintetizado pelo físico John Archibald Wheeler:

> *"O espaço-tempo diz à matéria como se mover; a matéria diz ao espaço-tempo como se encurvar."*

Ondas gravitacionais

Uma das previsões da relatividade geral era de que deveria haver um fenômeno chamado "ondas gravitacionais". Essas são como ondulações no espaço-tempo que são provocadas por perturbações particularmente energéticas.

As equações de Einstein demonstraram que eventos cataclísmicos, como dois buracos negros colidindo entre si ou a explosão de uma supernova de grande massa, seriam como pedras grandes sendo arremessadas num lago do espaço-tempo, emitindo ondas de espaço distorcido através do universo na velocidade da luz.

Embora já em 1916 se previsse a existência das ondas gravitacionais, não havia nenhuma prova de sua existência até 20 anos depois da morte de Einstein. Em 1974, astrônomos do Arecibo Radio Observatory, em Porto Rico, descobriram um pulsar binário – duas estrelas extremamente densas e pesadas, uma em órbita da outra. Sabedores de que este sistema poderia ser usado para testar a previsão de Einstein, os astrônomos começaram a fazer cuidadosas observações do sistema. Oito anos de meticulosa coleta de dados revelou que os pulsares estavam se aproximando um do outro exatamente na velocidade prevista pela relatividade geral. Após mais de 40 anos de cuidadoso monitoramento, as mudanças observadas nas órbitas dos pulsares estão em tamanha concordância com a relatividade geral que os pesquisadores não tiveram nenhuma dúvida de que o sistema estava emitindo ondas gravitacionais.

Até setembro de 2015, todas as confirmações da existência de ondas gravitacionais haviam sido indireta ou matematicamente determinadas, mas não através de uma prova concreta. Em 14 de setembro, o LIGO (*Laser Interferometer Gravitational-Wave Observatory*, Observatório de Ondas Gravitacionais via Interferômetro a Laser) nos EUA detectou ondas gravitacionais pela primeira vez. Elas eram geradas por dois buracos negros em colisão a uma distância de aproximadamente 1,3 bilhão de anos-luz. Elas podem ser geradas por eventos extremamente violentos, porém, no momento em que as ondas atingem a Terra elas são vários milhões de vezes menores. Na época em que as ondas gravitacionais detectadas pelo LIGO atingiram a Terra, o grau de ondulação do espaço-tempo por elas gerado foi muito menor que o núcleo de um átomo.

O LIGO é um triunfo de engenhosidade e técnica de engenharia. Ele é formado por dois detectores em forma de L, construídos a uma distância de 3.000 km entre si e que abriga câmaras de vácuo de 4 km de comprimento. Ele é capaz de medir um movimento 10.000 vezes menor do que o núcleo de um átomo – nada semelhante em termos de precisão havia sido tentado antes. É equivalente a se medir a distância para a estrela mais próxima com uma precisão menor do que a largura de um cabelo humano.

CAPÍTULO 14

Como um Eclipse Provou que Einstein Estava Certo?

As observações astronômicas de Arthur Eddington durante um eclipse total do Sol, confirmaram que as equações da relatividade de Einstein eram corretas.

No outono de 1919, Pauline Einstein recebeu um cartão postal de seu filho. Ele começava assim:

> *"Querida Mãe, ótimas notícias hoje. H. A. Lorentz telegrafou dizendo que as expedições inglesas realmente demonstraram a deflexão da luz por ação do Sol."*

Quando Einstein estabeleceu pela primeira vez seu princípio da equivalência em 1907 e deduziu que ele resultaria na deflexão da luz, ele imaginou que o efeito seria tão pequeno que não permitiria sua medição. Suas primeiras previsões para a deflexão da luz de uma estrela estavam de acordo com o que o próprio Newton havia previsto a partir de sua lei da gravitação, acreditando que a luz tomaria a forma de um fluxo de partículas. Mas a solução de Einstein não estava certa.

Na época, ele ainda não havia descoberto que o espaço-tempo era curvo e que isso teria um efeito sobre a deflexão do feixe luminoso. Apenas em 1915 que Einstein, de acordo como sua teoria da relatividade geral, se deu conta que um raio de luz passando pelo Sol sofreria uma deflexão duas vezes maior que o valor de seu cálculo inicial feito em 1907. Talvez tenha sido bom não ter surgido nenhuma oportunidade de testar o conceito de Einstein antes de ele mesmo ter feito essa correção. Em 1912, uma expedição para observar um eclipse no Brasil incluía medir a deflexão da luz em sua lista de experimentos, mas o tempo ruim impediu que se fosse adiante neste aspecto. No verão de 1914, uma segunda expedição partiu para a Crimeia para observar um eclipse, mas ela foi forçada a retornar quando estourou a Primeira Guerra Mundial.

Agora, com uma clara diferença entre as previsões de Einstein de sua relatividade geral e aquelas da física newtoniana, seria possível descobrir quem estava certo, mas observações adicionais tiveram de entrar em compasso de espera até o final da guerra. Foram feitas algumas tentativas de se encontrar evidências a partir de deflexões previstas em fotografias de eclipses anteriores, mas sem sucesso. Einstein estava ansioso para que sua teoria fosse comprovada. Em 1916, escreve um livro numa tentativa de explicar a relatividade para um público mais amplo, afirmando:

> *"O exame da correção ou não desta dedução é um problema da maior importância, cuja primeira solução deve vir dos astrônomos."*

Depois, em setembro de 1919, duas expedições britânicas finalmente obtiveram os resultados tão esperados por ele.

As expedições de 1919 para observação de eclipses

O astrônomo inglês Sir Arthur Eddington comandou uma expedição para a ilha de Príncipe, na costa da África ocidental, durante o eclipse total de 29 de maio de 1919. Uma segunda expedição, para Sobral no Brasil, foi chefiada por Andrew Crommelin, do Royal Observatory de Londres.

Eddington teve sorte ao conseguir uma cópia da teoria de Einstein em 1916. Tornou-se um defensor entusiasta da relatividade e, junto com o astrônomo do Royal Observatory, Sir Frank Dyson, elaboraram um plano para testar a teoria de Einstein.

Sir Arthur Eddington.

As estrelas são visíveis apenas à noite porque, durante o dia, sua tênue luz é ofuscada pelo brilho do Sol. Durante um eclipse total, quando a Lua bloqueia a luz do Sol, as estrelas se tornam visíveis. A teoria de Einstein previa que a trajetória da luz de uma estrela, passando próxima do Sol em seu caminho para a Terra, seria defletida pelo espaço-tempo curvado em torno do Sol. Isso resultaria em uma mudança na posição aparente da estrela que poderia ser medida em relação à sua verdadeira posição, fato conhecido a partir de observações da estrela à noite. O ângulo de deflexão que Eddington e Dyson estavam buscando era de fato bem pequeno, aproximadamente equivalente ao diâmetro de uma moeda vista de uma distância de 3 km, mas poderia ser medido, mesmo com a tecnologia disponível na época.

As duas expedições partiram de Liverpool em março de 1919, um dos grupos em direção ao Brasil e o outro para Príncipe. Na manhã do eclipse havia uma chuva pesada em Príncipe e parecia não haver esperanças para se fazer a observação. Durante a manhã o céu começou a se abrir, à medida que a totalidade (eclipse total) se aproximava, os últimos resquícios de nuvens ainda ameaçavam frustrar as observações. Eddington relatou que não viu o eclipse exceto por algumas olhadelas, pois estava muito ocupado mudando as chapas fotográficas de sua câmera. Ele estava preocupado com o fato de as nuvens terem interferido nas imagens das estrelas.

Já a equipe de Sobral teve mais sorte com o tempo. De modo a descobrir qual teoria era correta – a de Newton ou a de Einstein – as chapas de ambas as expedições teriam de ser reveladas e cuidadosamente examinadas. Um dos fotógrafos no Brasil parecia concordar com Einstein, mas o outro concordava com Newton. As chapas de Eddington mostraram menos estrelas, mas era visível que parecia sustentar o pensamento de Einstein. Eddington decidiu que o resultado newtoniano do Brasil havia sido produzido por equipamento defeituoso, considerando então Einstein correto.

Einstein estava reunido com um de seus alunos da graduação, Ilse Schneider, logo depois de ter recebido as notícias de Eddington. Schneider perguntou-lhe o que ele faria caso as observações tivessem demonstrado que sua teoria estava errada. Einstein replicou: "Então eu teria tido compaixão do estimado lorde; a teoria está correta".

Espaço curvado

No Reino Unido, a edição de 7 de novembro de 1919 do jornal *The Times*, em sua página 11, destacava algumas importantíssimas notícias. "Armistício e termos do tratado", "França Devastada" e "Crimes de Guerra contra a Sérvia". Na página 12, havia mais notícias concernentes ao desfe-

Einstein com Arthur Eddington em 1930.

cho da Primeira Guerra Mundial, incluindo "Dia do Armistício: observação de dois minutos de silêncio" (pausa no trabalho). Mas se o leitor percorresse a página até a sexta coluna, encontraria algumas notícias de outro tipo, mas que mudariam o mundo: "Revolução na ciência/Nova teoria do universo/Ideias de Newton derrubadas". E lá, meia coluna abaixo, um subtítulo que teria feito muita gente coçar a cabeça: "Espaço curvado".

No mesmo jornal, em 28 de novembro, escreveu Einstein:

> *"Por uma aplicação da teoria da relatividade às preferências dos leitores, hoje na Alemanha sou chamado de um alemão da ciência e, na Inglaterra, sou representado como um judeu suíço. Se eu chegasse a ser considerado um bête noire [assombro], as descrições seriam invertidas e eu me tornaria um judeu suíço para os alemães e um alemão da ciência para os ingleses!"*

Suas palavras foram estranhamente proféticas dados os eventos que ocorreriam na Alemanha durante as décadas seguintes.

Uma mensagem de Mercúrio

A astronomia desempenhou outro papel na demonstração da validade da teoria geral. Um enigma que perdurava entre os astrônomos era o fato de que a órbita de Mercúrio, o planeta mais próximo do Sol, não se adequar bem às equações de Newton.

À medida que os planetas orbitam em volta do Sol, eles seguem uma trajetória elíptica; isso havia sido determinado por Johannes Kepler em 1609 e foi explicado por Newton cerca de 50 anos depois. A trajetória elíptica significa que o planeta tinha um ponto que se aproximava mais do Sol; ele é chamado de "periélio" (o ponto mais distante do Sol na órbita do planeta denomina-se "afélio"). O periélio nem sempre acontece no mesmo lugar em cada órbita, mas se desloca lentamente em torno do Sol. A razão para isto se deve à atração entre os planetas (um efeito previsto por Newton). Essa mudança na rotação das órbitas planetárias é chamada "precessão".

Newton não conseguiu explicar o fenômeno da precessão dos planetas exceto para Mercúrio, cuja grandeza era um pouco maior do que aquela prevista por ele. Era uma diferença pequena, mas que não poderia ser ignorada.

Na véspera do Natal de 1911, Einstein escreveu:

> *"Nesta época estou [mais uma vez] ocupado com considerações sobre a teoria da relatividade em relação à lei da gravitação... Espero poder esclarecer as mudanças por tanto tempo não explicadas do comprimento do periélio de Mercúrio... [porém] até o momento não parece funcionar."*

Os astrônomos buscavam uma maneira de explicar o estranho comportamento de Mercúrio. Talvez existisse

O NOME ME ESCAPA...

Diz uma história que após uma reunião da Royal Society, Arthur Eddington foi abordado pelo físico polonês-americano Ludwik Silberstein, autor de um dos primeiros livros sobre a relatividade.

"Professor Eddington", disse Silberstein, "você deve ser uma das três pessoas no mundo que compreende a relatividade geral". Enquanto Eddington faz uma pausa para considerar a afirmação, Silberstein exclamou: "Não seja modesto, Eddington!" O grande homem replicou: "Pelo contrário – estou tentando imaginar quem é a terceira pessoa!"

uma nuvem de asteróides entre Mercúrio e o Sol, ou, quem sabe, até mesmo um planeta ainda não descoberto exercendo uma forte atração sobre Mercúrio enquanto este orbitava. Havia várias sugestões, mas nenhuma delas parecia responder todas as questões. Entretanto, o que todas tinham em comum era aceitar a lei da gravitação de Newton como precisa.

Em 1916, Einstein se pôs a trabalhar nas equações de sua recém-criada teoria da relatividade geral. Ele demonstrou que seu conceito sobre o funcionamento da gravidade previa exatamente os movimentos orbitais de Mercúrio. A razão para a discrepância era a curvatura do espaço-tempo bem próxima da imensa massa do Sol. Parecia que a teoria de Einstein era correta e seus cálculos iam de encontro com aqueles das observações dos astrônomos. "Por alguns dias, não conseguia me conter, tamanha a alegria que tomava conta de mim", escreveu ele.

CAPÍTULO 15

Se Einstein Estava Certo, Estaria Newton Errado?

A natureza da investigação científica é a de jamais permanecer imóvel; nenhuma verdade é absoluta; e nenhuma prova, imune de ser derrubada.

Isaac Newton pode ter errado em pequenos detalhes, porém, por duzentos anos ou mais na prática ele estava indubitavelmente certo. É da própria essência da investigação científica que as verdades jamais sejam absolutas, mas simplesmente a melhor descrição da realidade que se pode alcançar com o conhecimento disponível em dada época. A lei da ciência é uma explicação ou uma afirmação que sempre parece ser verdadeira. A lei da gravitação de Newton e suas três leis do movimento são excelentes para explicar por que os objetos se movem da maneira como o fazem.

> ***"Newton, perdoe-me; você descobriu a única maneira através da qual, em sua época, era praticamente possível para um homem de tamanho conhecimento e poder criativo. Os conceitos por você criados estão orientando o nosso pensamento em física ainda hoje, embora agora saibamos que eles terão de ser substituídos por outros muito distantes da esfera da experiência imediata, se for nosso objetivo uma compreensão mais profunda das relações."***
>
> Albert Einstein

Porém, em 1905 surge Einstein demonstrando que objetos em velocidades próximas à velocidade da luz, as leis de Newton não se aplicariam mais. Newton não estava errado – ele simplesmente não poderia imaginar ou antever os limites de suas leis.

Newton disponibilizou uma maneira de calcular os efeitos da gravidade, mas ele jamais procurou explicá-las. Em 1687, ele escreveu:

> *"Ainda não sou capaz de descobrir a causa destas propriedades da gravidade a partir de fenômenos e não formulei nenhuma hipótese... Que um corpo possa atuar a distância sobre outro através do vácuo sem a mediação de qualquer outra coisa, por meio e através do qual suas ações e forças podem ser transmitidas de um para outro, é para mim um*

absurdo tão grande que, acredito eu, nenhum homem que em questões filosóficas possui uma faculdade de pensar competente, jamais se deixaria enganar."

A explicação de Einstein para os fenômenos da gravidade acabou fornecendo previsões muito mais acuradas do que as de Newton, cujas leis ainda funcionam bem em condições "normais" (isto é, bem abaixo da velocidade da luz). Elas certamente são suficientemente precisas para se traçar uma rota para enviar uma sonda da Terra a Plutão. Einstein não provou que Newton estava errado; ele produziu uma teoria da gravidade estendida para cobrir situações das quais Newton não tinha conhecimento.

Famosa tela de William Blake retratando Isaac Newton.

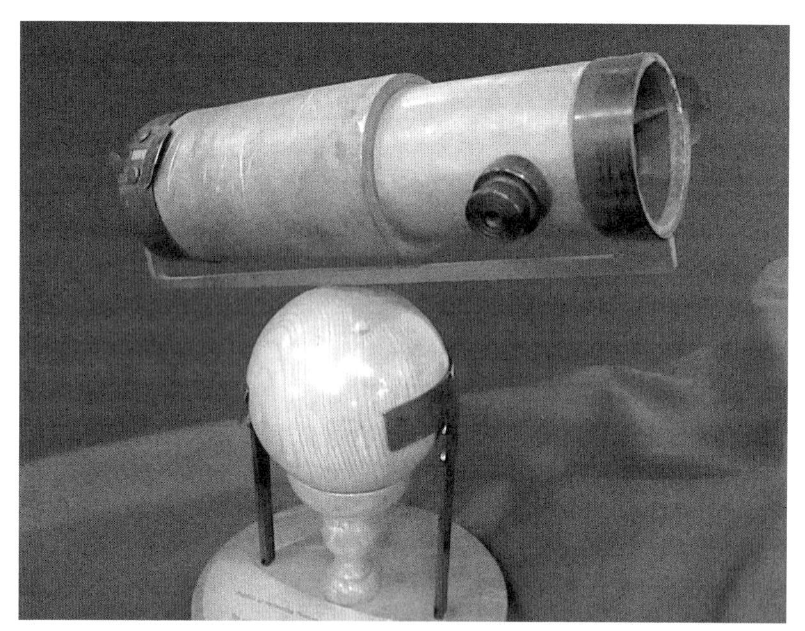

Réplica do telescópio de Isaac Newton.

É um dos princípios orientadores da ciência que uma teoria não é nada caso não se consiga sustentá-la diante de exames experimentais rigorosos. Conforme disse Richard Feynman:

> *"Não importa o quão bela seja a sua teoria, não importa o quão inteligente você seja, não importa o seu nome. Se ela não concordar com experimentos, ela está errada."*

É preciso muita experimentação para provar que uma teoria está certa ou errada. Um experimento apenas não é o suficiente, pois os resultados precisam ser replicados e verificados. As leis de Newton mantiveram-se de pé diante de repetidos experimentos por mais de cem anos. Por exemplo, astrônomos do século XIX notaram que Sirius, a estrela mais brilhante no céu à noite, parecia oscilar ligeiramente em seu curso. As leis de Newton dizem que se algo não estiver se movendo conforme o esperado, deve haver uma força sendo aplicada a ele. Alguém poderia ter apresentado o argumento alternativo de que isso demonstrava como as leis de Newton permaneciam válidas em nosso Sistema Solar e não no espaço interestelar. Mas se Newton estivesse certo, então talvez houvesse uma estrela ainda não vista orbitando em torno de Sirius, cuja gravidade fazia com que ela oscilasse. Em 1862, essa estrela foi descoberta. De fato, Sirius é um sistema de estrelas binárias – duas estrelas orbitando em um ponto entre elas. Uma delas é uma estrela da sequência principal, Sirius A, e a outra uma anã branca, Sirius B. Consequentemente, a oscilação – é uma prova a favor das leis de Newton.

Uma das primeiras falhas na física newtoniana foi manifestada pelos inexplicáveis desvios na órbita de Mercúrio. Não havia nada nos *Principia* de Newton que explicasse tais desvios. Embora astrônomos procurassem encontrar um novo planeta para que o padrão gravitacional de Mercúrio fizesse sentido, chegando até mesmo a chamá-lo de Vulcano, não havia nenhuma versão dentro do Sistema Solar da estrela companheira de Sirius, uma Sirius B, para explicar o fenômeno.

Partindo-se do pressuposto que os campos gravitacionais envolvidos são fracos, as previsões da teoria da relatividade geral de Einstein são as mesmas da teoria da gravitação de Newton. Em outras palavras, as duas teorias são concordantes desde que as velocidades de todos os objetos interagindo entre si sejam gravitacionalmente pequenas quando comparadas com a velocidade da luz.

Um campo gravitacional é considerado forte se a velocidade de escape necessária para se liberar dele se aproxima da velocidade da luz. Todos os campos gravitacionais encontrados no Sistema Solar, mesmo aquele nas vizinhanças do Sol, são fracos segundo essa definição. A baixas velocidades e em campos gravitacionais fracos, tanto as previsões da relatividade especial quanto as da relatividade geral estão de acordo com nossa experiência cotidiana e com a física newtoniana.

Einstein tinha enorme respeito pelos feitos de Newton. Escreveu ele:

> *"Em uma única pessoa ele combinava o experimentalista, o teórico, o mecânico e, não menos importante, o artista em uma exposição... Ele se posta diante de nós firme, assertivo e sozinho: sua alegria na criação e sua minuciosa precisão são evidentes em cada palavra e cada algarismo."*

Neste ponto em particular Newton estava errado, porém, pelo que se saiba, em sua época ele estava certo. Da mesma forma, Einstein está certo ainda hoje, porém pode chegar um dia em que seja mostrado que ele também estava errado se alguma outra verdade ainda mais profunda for descoberta. Como veremos mais adiante, nem mesmo a relatividade geral é absoluta. Nos extremos do cosmos, em lugares como buracos negros onde a velocidade de escape não apenas se aproxima, mas também excede a velocidade da luz, Einstein começa a apresentar falhas. A relatividade geral também deixa de funcionar na escala subatômica em que adentramos o domínio quântico.

Como Newton, Einstein deu um passo gigantesco no sentido de um entendimento mais completo sobre o funcionamento do universo. Sua teoria da relatividade geral reflete a maneira pela qual a natureza parece funcionar, e testes da igualdade entre as massas gravitacional e inercial da teoria geral mostraram ser precisos em uma escala de uma parte por 10 trilhões, que é o máximo de precisão que consegui-

VELOCIDADE DE ESCAPE

A ideia de uma velocidade de escape foi uma daquelas que surgiram a partir de estudos das leis de Newton. Ignorando-se fatores complicadores como a resistência do ar, velocidade de escape é a velocidade que um objeto precisaria atingir de modo a escapar da atração gravitacional de um planeta e poder prosseguir no espaço. Por exemplo, a velocidade de escape a partir da Terra é cerca de 11,2 km/s em sua superfície. Em 1783, quando se tornou conhecido que a luz tinha uma velocidade finita, o físico John Michell colocou uma questão interessante. Não poderíamos nós, teoricamente, ter um objeto bem pequeno, porém muito maciço, com uma velocidade de escape tão alta que a luz não seria capaz de escapar dela? Se isso acontecesse, disse Michell, então o mais maciço dos objetos no universo poderia muito bem ser escuro. Talvez esta seja a primeira referência registrada dos fenômenos hoje conhecidos como "buracos negros".

mos alcançar com os equipamentos atuais. Não há rupturas observáveis na relatividade geral que nos fariam tentar mudar para uma nova teoria.

Portanto, a relatividade geral cumpre seu papel de explicar o universo. Porém, há duzentos anos, dizia-se o mesmo sobre a lei da gravidade de Newton. Conforme colocado pelo antropólogo francês Claude Lévi-Strauss:

> *"Cientista não é aquele que dá as respostas certas; é aquele que faz as perguntas certas".*

CAPÍTULO 16

Por que a Teoria de Einstein não Ganhou o Prêmio Nobel?

Hoje em dia parece inconcebível que a teoria da relatividade especial não tenha tido um reconhecimento mundial à época. Por que foi assim?

Quando Einstein publicou seus artigos pioneiros sobre a natureza do espaço, luz, movimento e o campo atômico em 1905, ele era funcionário de um órgão de registro de patentes e contava com apenas 26 anos de idade, pouco conhecido fora do seu círculo imediato. Ele ficou desapontado com a reação pouco entusiasta às suas ideias.

Em 1908, Max Planck também escreveu um artigo sobre a relatividade especial. Foi em grande parte graças à importância de Planck, contraposta à insignificância de um especialista técnico – classe III no órgão de registro de patentes em Berna, que a ideia da relatividade começou a ser aceita. Hermann Minkowski também publicou um importante artigo sobre relatividade em 1908, e demonstrou que a teoria da gravitação newtoniana não era consistente com a relatividade.

Hendrik Lorentz, que havia tentado explicar o resultado do experimento de Michelson–Morley sugerindo que objetos se contraíam à medida que se moviam através do éter, jamais parece ter aceito as conclusões de Einstein, muito embora elas dessem força a alguns elementos de seu próprio pensamento. Em 1913, ele deu uma palestra em que destacava o que descobrira:

> *"Uma certa satisfação na interpretação mais antiga de acordo com a qual... espaço e tempo podem ser abruptamente separados... Finalmente deve-se notar que a temerária asserção de que jamais poderão ser observadas velocidades maiores do que a velocidade da luz contém uma restrição hipotética daquilo que nos é acessível, uma restrição que não pode ser aceita sem certa reserva."*

Apesar de suas aparentes diferenças, os nomes de Lorentz e Einstein foram indicados conjuntamente para o Prê-

A Academia Sueca e o Museu Nobel em Estocolmo.

mio Nobel de Física de 1912 pelo trabalho deles sobre a relatividade especial. O homem que levou adiante seus nomes foi o físico alemão Wilhelm Wein, que havia recebido o prêmio no ano anterior por suas "descobertas referentes às leis que governavam a radiação térmica".

Ciência e política

As indicações para o Prêmio Nobel são consideradas por um comitê de cinco homens (era exclusivamente masculino naqueles dias) nomeado pela *Swedish Academy of Sciences.* Elas podem ser recebidas de ganhadores anteriores do Prêmio Nobel (qualquer um pode fazer indicações para qualquer campo, não apenas o seu próprio) e de professores em seletas universidades, que no início do século XX significava, quase que exclusivamente, universidades em países de idiomas nórdicos e germânicos. Entre 1911 e 1921, Einstein foi indicado repetidamente. Porém, dois membros do comitê, que eram escolhidos para elaborarem relatórios sobre a adequação da indicação de Einstein para o prêmio, repetidamente recomendavam que ele não deveria receber o prêmio.

Um deles era o vencedor do Nobel de Química de 1903, Svante Arrhenius, um dos fundadores da físico-química. Ele próprio um físico, Arrhenius ficou impressionado com o trabalho de Einstein sobre movimento browniano e até chegou a pensar que fosse merecedor de um Prêmio Nobel. Contudo, ele argumentava que pareceria estranho dar o prêmio pelo movimento browniano já que outros trabalhos do próprio Einstein já o haviam superado; por outro lado, ele não se sentia à vontade para indicá-lo pelo seu trabalho mais recente pois ainda o considerava como não provado experimentalmente.

O outro membro do comitê era Allvar Gullstrand, vencedor do Nobel de Medicina de 1911, sendo veementemente contrário a conceder o Prêmio Nobel a Einstein. A especialidade de Gullstrand era a ótica do olho e seus interesses eram em óptica teórica. Muitos dos críticos de Einstein simplesmente não eram capazes de compreender a relatividade geral, mas este não era o caso de Gullstrand. Como Arrhenius, ele argumentava que havia pouco em termos de evidências experimentais para a relatividade especial. Num determinado ponto comentou com um amigo que Einstein "jamais deveria receber o Prêmio Nobel, mesmo que o mundo inteiro assim o clamasse".

Allvar Gullstrand.

Gullstrand, como Arrhenius, argumentava que havia pouca evidência empírica a favor da relatividade especial. A relatividade geral tinha seus três famosos testes, mas um deles, o deslocamento gravitacional para o vermelho do Sol, foi considerado desfavorável pela maioria dos especialistas até 1922. O relatório do Comitê para o Prêmio Nobel de 1917 refere-se de forma favorável ao trabalho de Einstein, porém, também menciona o fato de que as medições realizadas no *Mount Wilson Observatory* na Califórnia não haviam encontrado o desvio para o vermelho que a teoria da relatividade geral previa. "Parece que a teoria da relatividade de Einstein, não importando os méritos que apresente em outros aspectos, não merece um Prêmio Nobel", conclui o comitê. O fato de o desvio para o vermelho ser um fenômeno real foi confirmado por experimentos laboratoriais na Universidade de Harvard nos anos 1960.

Outro teste da relatividade geral, a deflexão da luz por ação do Sol, foi largamente contestado, apesar dos resultados da expedição do eclipse de 1919 de Sir Arthur Eddington. O único e maior sucesso demonstrativo da teoria da relatividade, seja ela especial ou geral, foi a explicação de Einstein sobre as anomalias na órbita de Mercúrio que não podia ser explicada pela mecânica newtoniana. Einstein demonstrou que sua teoria previa um deslocamento do periélio, uma mudança no ponto da órbita de Mercúrio em que ele ficava mais próximo do Sol, que concordava precisamente com o efeito observado. Gullstrand alegava que Einstein havia forjado os cálculos para bater com o resultado, dizendo que a teoria de Einstein poderia estar em concordância com qualquer resultado que se quisesse para um dado problema.

Enquanto tentava demonstrar o absurdo da relatividade, Gullstrand por acaso acabou se deparando com uma importante consequência dela: o ponto de vista de um observador caindo em um buraco negro. A concepção de Gullstrand de buraco negro era uma em que, uma vez dentro do horizonte de eventos, o espaço era puxado no sentido da singularidade mais rapidamente do que a luz.

Depois de os resultados do eclipse de Eddington serem conhecidos, choveram indicações para Einstein ser premiado em 1920, mas elas não foram bem recebidas pelo comitê. De acordo com o historiador de ciências Robert Friedman, o comitê não queria um "radical político e intelectual (que – assim foi dito – não conduz experimentos) coroado como a sumidade da física". Em vez disso, o Prêmio Nobel de 1920 foi concedido ao físico suíço Charles-Edouard Guillaume por sua descoberta de anomalias em ligas níquel-aço. Quando foi feito o anúncio, o até então desconhecido Guillaume ficou, de acordo com Friedman, "tão surpreso quanto o resto do mundo".

Einstein, a celebridade

No início de 1920, após a confirmação por parte de Eddington da deflexão gravitacional da luz, Einstein se tornou uma espécie de celebridade relutante, procurado para emitir suas opiniões em todo tipo de assunto. Ele sempre era adorável e paciente no trato com as pessoas, mas se sentia mais à vontade se o deixassem dedicar-se ao trabalho. Poucos entenderam a natureza da relatividade, mas parecia que todo mundo queria falar a seu respeito.

Nos anos 1920, o jornalista Alexander Moszkowski, um satírico judeu-alemão, publicou um livro de conversas com Einstein em que ele comentava a paixão do público pela relatividade:

> *"Em todos os cantos, pipocavam reuniões instrutivas, e surgiam universidades itinerantes com professores errantes que*

Einstein com seus contemporâneos em 1931; Albert Michelson está ao seu lado, à esquerda na foto.

> *tiravam as pessoas da miséria tridimensional do cotidiano de suas vidas e as levavam para os campos elíseos mais hospitaleiros da quarta dimensão."*

Max Born ficou horrorizado por Einstein ter concordado em colaborar para o livro, receoso que isso iria avivar o sentimento antissemítico contra Einstein que já estava se fazendo conhecer. Um número crescente de cientistas nacionalistas alemães foi pego referindo-se às ideias de Einstein como "física judia". Einstein demonstrava certo ar de indiferença. "Para mim todo o problema se resume a uma questão de indiferença", disse ele, "como acontece com toda comoção e opinião de cada um dos seres humanos. Vou passar por tudo isso que me é reservado como um espectador impassível".

ENERGIA NO ÁTOMO

Em 1920, Einstein deu uma palestra em Praga, após a qual estava preparada uma recepção para ele por parte do departamento de física da universidade. Após uma série de entusiásticos discursos, Einstein foi convidado a responder. Em vez do esperado discurso, Einstein anunciou: "Talvez seja mais prazeroso e mais compreensível se em vez de fazer um discurso, eu execute alguma peça no violino". Continuou ele então e executou uma sonata de Mozart naquilo que seu amigo Philipp Frank classificou de "maneira tocante".

No dia seguinte, de acordo com Frank, um jovem se aproximou de Einstein no escritório de Frank. Com base na $E = mc^2$, insistia o homem, seria possível "usar a energia contida no átomo para a produção de ameaçadores explosivos". Einstein fez pouco caso da sugestão, classificando-a como absurda.

Ganhando o prêmio

Embora Einstein tivesse sido mais uma vez indicado em 1921, Gullstrand convenceu novamente o comitê de que nenhuma das indicações do ano atendia aos critérios conforme descritos no testamento de Alfred Nobel. De acordo com o estatuto da Fundação Nobel, o Prêmio Nobel pode, em tais casos, ser reservado para o ano seguinte; e foi isso o que aconteceu.

O adiamento de 1921 significava que dois prêmios seriam agraciados em 1922. Einstein recebeu inúmeras indicações pela relatividade, mas também foi indicado por seu trabalho sobre o efeito fotoelétrico. Tal indicação veio de Carl Wilhelm Oseen, físico teórico sueco. Oseen queria que o comitê reconhecesse o efeito fotoelétrico como uma lei da natureza fundamental, não apenas como uma teoria. Ele fez isso nem tanto para apoiar Einstein, mas sim para patrocinar o trabalho de Niels Bohr, que havia proposto uma nova teoria quântica do átomo. Esta, de acordo com Oseen, foi "a mais bela de todas as belas" ideias na física teórica recente.

Em seu relatório para o comitê, Oseen, exagerando na estreita relação entre o efeito fotoelétrico de Einstein e a nova descrição do átomo de Bohr, foi bem-sucedido em seu intento. O comitê foi convencido e, em 10 de novembro de 1922, concedeu o prêmio de 1922 a Bohr e o prêmio postergado de 1921 a Einstein. Lê-se na citação para o Prêmio Nobel de Einstein o seguinte:

> *"O Prêmio Nobel de Física de 1921 foi concedido a Albert Einstein 'por seus serviços para a Física Teórica e, especialmente, pela sua descoberta da lei do efeito fotoelétrico'".*

Einstein estava a caminho do Japão quando ouviu a novidade. Ele não participou da cerimônia oficial e não recebeu o seu prêmio até o ano seguinte. Ele havia prometido que o valor monetário do Prêmio Nobel seria mantido em fundo patrimonial e cujos beneficiários seriam seus filhos, sendo

Certificado do Prêmio Nobel de Einstein.

Einstein no Japão em 1922.

permitido à administradora do fundo, sua ex-mulher, Mileva Maric, sacar os juros advindos da aplicação. O prêmio em dinheiro foi devidamente transferido para Maric.

CAPÍTULO 17

Qual Foi o Grande Erro Cometido por Einstein?

Tendemos a lembrar de Einstein como um gênio da ciência, porém, qual foi o seu maior erro?

No período inicial do século XX, quando Einstein publicou sua teoria da relatividade geral, a maioria das pessoas acreditava que a galáxia da Via Láctea abrangesse todo o universo e que não havia mais nada além dela. Era apenas o início de um processo para acumular evidências visando sustentar o conceito de que o universo era muito, mas muito maior do que qualquer um houvera imaginado. Então as pessoas passaram a debater se alguns objetos no espaço poderiam ou não se encontrar fora da Via Láctea.

Em 1923, Edwin Hubble resolveu a questão ao usar o telescópio Hooker no Mount Wilson Observatory da Califórnia, o telescópio mais poderoso na época, para estudar estrelas na nebulosa Andrômeda. Estimou sua distância em 800.000 anos-luz (subestimado em cerca de 1,2 milhões, como veio a se revelar mais tarde).

Andrômeda era legitimamente uma galáxia, distinta de nossa própria galáxia, a Via Láctea. Hubble continuou a descobrir outras galáxias ainda mais distantes. Começou a se desenhar uma figura de um universo cuja vastidão ia além

Edwin Hubble.

do imaginável, estendendo-se além de bilhões de anos-luz, com uma centena de bilhões de galáxias, cada qual contendo cerca de uma centena de bilhões de estrelas.

Acreditava-se firmemente que o universo era estático – ninguém poderia imaginar que ele pudesse se expandir ou contrair. Em 1929, Hubble ficou famoso da noite para o dia ao fazer outra descoberta monumental. Ele descobriu que a luz que chega até nós vinda de galáxias distantes é deslocada para a extremidade vermelha do espectro eletromagnético (veja o quadro na outra página), indicando que estas galáxias estão se movimentando distantes de nosso Sistema Solar. Quanto mais distantes elas estiverem, mais rapidamente elas estão se afastando. As galáxias que estão duas vezes mais distantes se deslocam aproximadamente com o dobro da velocidade. A melhor explicação para esse fenômeno era que o universo certamente estava se expandindo.

A constante cosmológica

A teoria geral de Einstein certamente possibilitou a noção de que o universo poderia ou estar se expandindo ou contraindo. De fato, aplicada ao universo como um todo e não apenas a uma estrela ou planeta dentro dele, as equações da relatividade geral exigem que o tamanho do universo seja mutável. A relatividade geral não permite um universo estático – ele não poderia existir pois a curvatura do espaço-tempo pela matéria nele contida iria, finalmente, fazer com que o universo colapsasse em si mesmo. Consequentemente, se o universo não fosse estático nem colapsante, então ele teria de estar em expansão. Mas Einstein, de acordo com todo mundo da época, achava esse conceito pouco convincente.

Se o universo estivesse se expandindo, então, logicamente, ele teria de estar se expandindo de algum ponto. Em algum lugar do passado, o universo deve ter começado como um ponto único contendo todo o espaço e tempo. Einstein

DESVIO PARA O VERMELHO POR EFEITO DOPPLER

O desvio para o vermelho que Hubble observou em galáxias distantes não era gravitacional; isso era provocado pelo efeito Doppler. Estamos familiarizados com isso a partir do efeito das ondas sonoras. Se um carro de polícia passa a toda velocidade, com sua sirene soando, o tom da sirene vai abaixando à medida que vai se afastando de você. Isso porque ondas sonoras sucessivas levam mais tempo para chegar a você, e isso lhe soa como uma diminuição de intensidade. Quando o carro está se aproximando, ocorre o oposto – ondas sonoras sucessivas o alcançam mais rapidamente e a intensidade aumenta. Um efeito similar se aplica à luz emitida por objetos em movimento, mas em vez de uma mudança de intensidade o comprimento de onda da luz é deslocado – na direção da extremidade do vermelho do espectro (desvio para o vermelho) caso o objeto esteja se afastando de você e no sentido da extremidade do azul (desvio para o azul) caso esteja se aproximando.

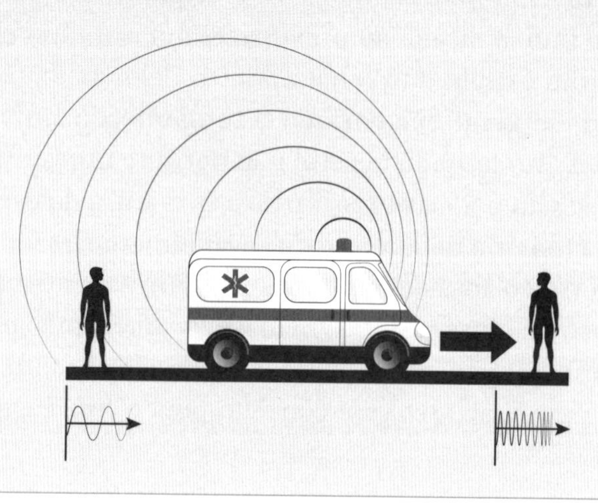

achava esta ideia absurda e em 1917 introduziu um termo chamado "constante cosmológica" (ele se referiu a ela como uma "ligeira modificação") em suas equações. Essa força repulsiva contrabalançava a atração da gravidade e impedia a expansão ou contração do universo. Einstein não estava inteiramente contente com essa adição, admitindo que ela "não era justificável pelo nosso conhecimento real da gravitação".

A descoberta de Edwin Hubble do desvio para o vermelho das galáxias distantes não poderia ser contestada. Ele havia demonstrado que o universo realmente estava em expansão e isso foi anunciado na imprensa popular como uma contestação das teorias de Einstein. Einstein não teve problema em admitir seu erro e eliminar a constante cosmológica de suas equações. Chamou os astrônomos do observatório de Mount Wilson de "notáveis", escrevendo para seu amigo Michele Besso que a situação era "realmente entusiasmante". Pena que Einstein não tenha confiado em suas equações originais – tivesse ele assim o feito, ele teria previsto o universo em expansão uma década antes da confirmação de Hubble.

Arthur Eddington e outros destacaram que a constante cosmológica não teria funcionado em nenhum evento já que

O DESVIO PARA O VERMELHO COSMOLÓGICO

O desvio por efeito Doppler depende do movimento do objeto à medida que ele emite energia. Já o desvio para o vermelho cosmológico é um pouco diferente. O comprimento de onda em que a luz foi originalmente emitida é alongado à medida que atravessa o espaço em expansão. O desvio para o vermelho cosmológico resulta da expansão do próprio espaço, e não do movimento do objeto que produziu a luz. Quanto mais longa for a jornada percorrida pela luz através do universo em expansão, mais ela será alongada e maior será o desvio para o vermelho.

ela exigia que o universo estivesse em um estado de equilíbrio extremamente delicado, algo parecido com um lápis apoiado em sua ponta. Isso significaria que a mais ligeira perturbação dispararia uma expansão ou contração fora de controle.

Por que o cosmos não colapsa?

Alguns dos problemas enfrentados por astrônomos e físicos do princípio do século XX haviam sido discutidos mais de duzentos anos antes. Em 1692, Newton recebeu uma carta do reverendo Richard Bentley. Suponhamos que o universo seja infinito, disse Bentley; se esse fosse o caso, então qualquer parte do universo deveria sentir o efeito da atração da gravidade e, certamente, como consequência ele deveria se colapsar em si mesmo?

Newton tentou explicar isso argumentando que se as estrelas fossem igualmente distribuídas no espaço, então a força da gravidade agiria igualmente em todas as direções e seria mantido um equilíbrio. Ele rapidamente se deu conta de que este não seria o caso, já que o menor movimento de qualquer estrela iria afetar o equilíbrio e todo o edifício cósmico viria abaixo.

Newton e Bentley cometeram um grande erro – as estrelas não são estacionárias. (Foi em parte graças à noção de "estrelas fixas" que possibilitou a Newton ter suas ideias sobre espaço absoluto). Foi Edmund Halley, do famoso cometa e que corroborou as leis de Newton, quem primeiro observou que algumas estrelas haviam mudado de posição quando contrastadas com as posições registradas pelos gregos em seus mapas estelares.

O paradoxo de Olbers – por que o céu não é coberto de estrelas?

Halley indicou outro problema. Se o universo fosse infinito, então para todo lugar que você olhasse deveria encontrar uma estrela – o firmamento inteiro deveria estar brilhando de forma tão intensa quanto o Sol! Claramente esse não era o caso e tal observação levou Johannes Kepler, no século XVII, a concluir que o universo não poderia ser infinitamente grande. O problema ficou conhecido como o paradoxo de Olbers, em homenagem ao astrônomo alemão Heinrich Olbers (1758–1840).

Olbers sugeriu que deveriam existir nuvens de poeira entre as estrelas que ocultariam algumas delas de nossa visão. Porém, esta solução também era falha. Dado um tempo suficiente, a energia de estrelas distantes aqueceria as nuvens de gás até que elas brilhassem e o céu fosse preenchido de luz.

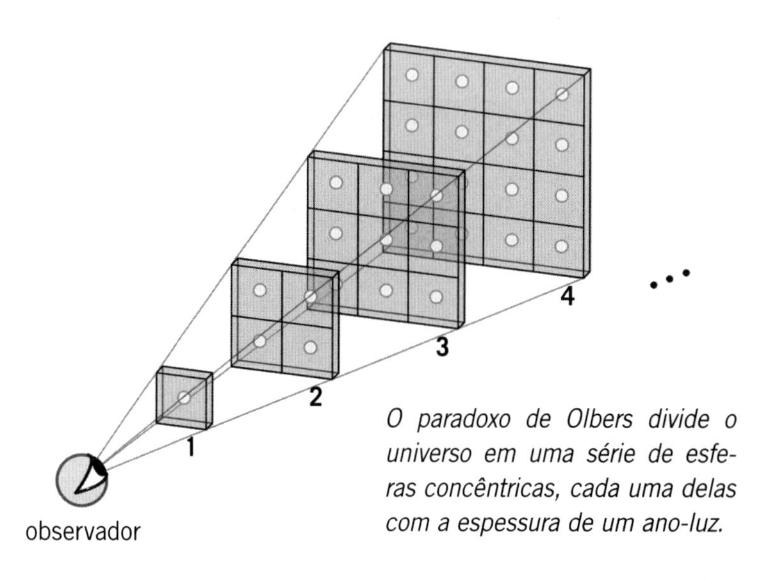

O paradoxo de Olbers divide o universo em uma série de esferas concêntricas, cada uma delas com a espessura de um ano-luz.

A resposta ao problema foi revelada com a descoberta de Edwin Hubble de que o universo estava se expandindo. A luz dos mais longínquos rincões do universo não havia tido tempo suficiente para nos alcançar – e, quem sabe, isso jamais acontecerá. O universo é escuro porque ele começou a partir de uma explosão.

O grande erro de Einstein?

O físico George Gamow relatou que Einstein chamou a constante cosmológica de seu "maior erro", porém, não há evidências concretas de que ele alguma vez tenha dito isso e, certamente isso nunca apareceu em qualquer um de seus escritos. Mas há um erro de que Einstein realmente se lamenta. Após visitar Einstein em Princeton, em 16 de novembro de 1954, Linus Pauling escreveu em seu diário: "Ele me disse que havia cometido um grande erro – ao assinar a carta para o presidente Roosevelt recomendar que fossem fabricadas bombas atômicas".

O retorno da constante cosmológica

No final dos anos 1990, os cosmologistas fizeram uma descoberta estarrecedora – o universo não apenas está se expandindo, como também está se expandindo a um ritmo cada vez mais rápido. A causa dessa expansão em aceleração é um mistério – os cientistas se referem a uma "energia escura" em ação. A maior parte das observações sustenta a ideia de que esta energia escura se comporta como a "constante cosmológica" de Einstein e muitos cosmologistas estão ávidos por reviver o termo. Uma especulação é que pares das assim chamadas partículas e antipartículas "virtuais" aparecem e desaparecem no espaço vazio, um fenômeno permitido pela mecânica quântica. A energia transportada por essas partículas poderia exercer uma força repulsiva que empurra tudo no universo para fora. A constante cosmológica, longe de ser um grande erro, poderia fazer com que cientistas reavaliassem o que eles acreditam ser verdadeiro em relação à cosmologia, à física de partículas e às forças fundamentais da natureza.

ENVELOPE DE EINSTEIN

Em sua segunda viagem para os EUA, em 1931, Einstein visitou o Mount Wilson Observatory na Califórnia com Edwin Hubble. Eles foram recebidos pelo debilitado e ancião Albert Michelson, do experimento do éter de Michelson–Morley. Enquanto o telescópio era demonstrado, a esposa de Einstein, Elsa, foi informada de que ele havia sido usado para determinar o tamanho e a forma do cosmos. "Bem", respondeu ela, "meu marido fez isso no verso de um envelope antigo".

CAPÍTULO 18

Onde a Teoria da Relatividade de Einstein Cai por Terra?

O que acontece com a relatividade nos limites mais extremos da realidade, dentro do horizonte de eventos de um buraco negro?

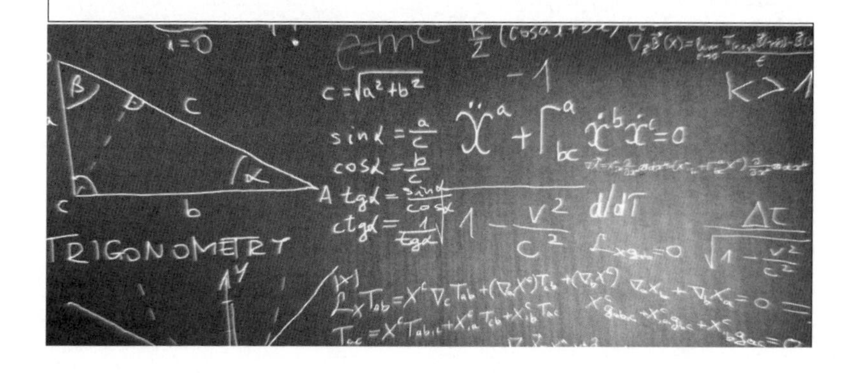

A relatividade geral tem se mostrado uma ferramenta extremamente eficiente no provimento de novas visões para o nosso entendimento sobre o universo e a maneira como ele funciona. Mas assim como Newton antes de Einstein, há algumas coisas que este último não conseguia explicar.

Quanto mais compacto e de grande massa for um objeto, mais forte será sua influência gravitacional. A relatividade geral prevê a existência de buracos negros, regiões em que a densidade da matéria é tão alta que o espaço-tempo é torcido e curvado a ponto de ele se tornar infinito. O poço de gravidade formado por um buraco negro é tão profundo que nada consegue se libertar dele. É como se fosse um buraco no espaço-tempo e nem mesmo a luz tem uma trajetória no espaço-tempo que possa seguir para escapar dele.

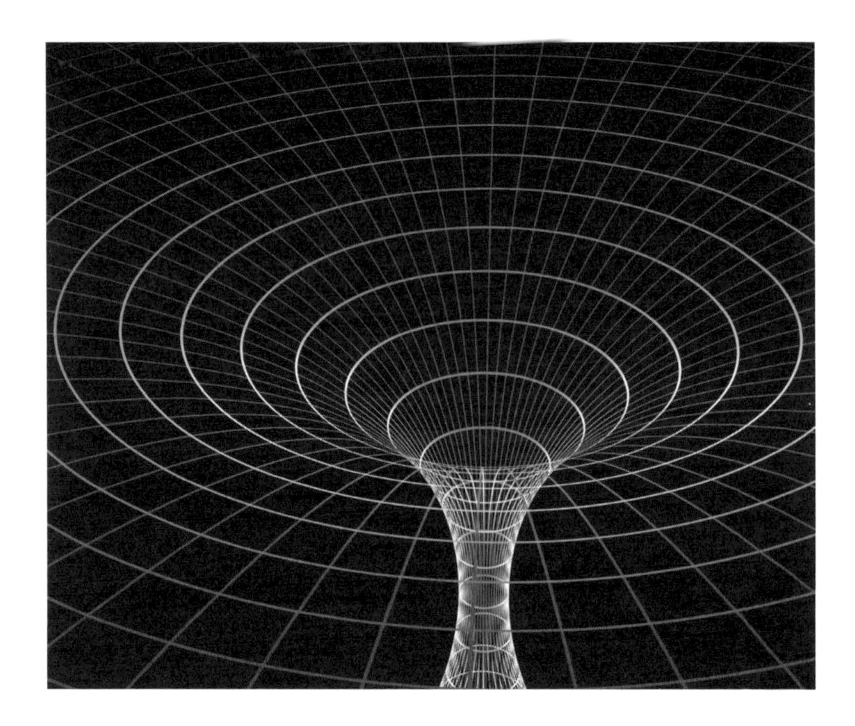

Pulsares e estrelas de nêutrons

Em 1967, Jocelyn Bell, estudante da Cambridge University, notou algo incomum em suas observações através de um radiotelescópio. Parecia haver um sinal que pulsava rapidamente vindo de algum ponto do firmamento. Continuou procurando e encontrou outro sinal pulsando regularmente. Algumas pessoas sugeriram que estes poderiam ser um sinal de vida alienígena inteligente e receberam o apelido de LGMs (*little green men*, isto é, homenzinhos verdes).

O astrônomo americano Thomas Gold se perguntava se elas não poderiam ser, na realidade, estrelas de nêutrons. Os astrônomos especularam por algum tempo a sua existência. Uma vez esgotado seu combustível nuclear, as estrelas com massa equivalente a quarenta vezes a de nosso Sol chegam ao fim de suas vidas em uma gigantesca efusão de matéria e energia chamada supernova. As camadas externas da estrela explodem e se espalham pelo espaço, levando a um aumento tão expressivo no brilho da estrela a ponto de ofuscar as demais estrelas em sua galáxia por um curto espaço de tempo.

Ao mesmo tempo em que as camadas externas estão se expandindo no espaço, o núcleo da estrela entra em colapso. Em questão de segundos, a densidade do núcleo aumenta de tal maneira que os elétrons e prótons que o formam são comprimidos uns contra os outros para formar nêutrons. A região nuclear se transforma em uma bola incrivelmente densa de matéria nuclear, em que trilhões de toneladas de material são comprimidos em cada centímetro cúbico. Uma estrela de nêutrons não ultrapassa 20 km de diâmetro, porém, possui uma massa maior do que a do nosso Sol. Se fosse possível trazer uma colher de chá do material de uma estrela de nêutrons para a Terra, ela pesaria mais do que uma montanha.

À medida que a estrela vai entrando em colapso, ela gira cada vez mais rapidamente, do mesmo jeito que um patinador artístico no gelo vai girando em torno de si mesmo cada vez mais rápido ao esticar e levar braços e pernas junto ao corpo. A estrela de nêutrons em contração pode chegar finalmente a girar uma centena de vezes a cada segundo.

O campo magnético da estrela se torna cada vez mais concentrado e mais potente. Elétrons dentro do campo magnético são acelerados, chegando quase a atingir a velocidade da luz, emitindo feixes de radiação eletromagnética dos polos norte e sul da estrela. Agora a estrela está atuando como um farol cósmico, com dois estreitos feixes de ondas eletromagnéticas apontando em direções opostas. Só conseguiremos detectar a estrela de nêutrons, se por acaso, um desses feixes varrer a superfície da Terra e for pego por radiotelescópios. Pelo fato de essas estrelas parecerem pulsar enquanto o feixe aponta brevemente na direção da Terra, elas receberam o nome de pulsares.

As estrelas de nêutrons, e particularmente os pulsares, são laboratórios cósmicos ideais para testar a relatividade geral. A gravidade de um corpo compacto e de grande massa como uma estrela de nêutrons é muito forte e, consequentemente, os efeitos da relatividade geral se tornam muito mais aparentes. Por exemplo, sistemas binários que possuem uma estrela de nêutrons orbitando uma estrela comum podem ser usados para se fazer medidas precisas da influência da gravidade sobre a luz.

Buracos negros

O que poderia acontecer caso uma estrela de nêutrons continuasse a colapsar? Em 1928, o astrônomo indiano Subrahmanyan Chandrasekhar calculou que, se uma estrela fosse maior que certo tamanho, o poder de sua força gravitacional seria maior do que suas partículas atômicas conseguiriam suportar. A estrela simplesmente continuaria a colapsar até formar um ponto único, uma singularidade, encurvando o espaço-tempo em torno dela a um grau tal que nada conseguiria escapar, nem mesmo a luz. Ela se tornaria um buraco negro no espaço.

Um buraco negro não é um objeto físico, está mais para uma região do espaço-tempo e com propriedades muito peculiares. A borda que separa esta região do resto do universo é denominada horizonte de eventos. O horizonte de eventos é uma porta de via única – matéria ou energia podem atravessá-lo vindo do exterior, mas jamais conseguirão retornar. Consequentemente, um observador não detectará nenhuma luz vinda de um buraco negro. Isto significa que é impossível observar um deles diretamente, mas é possível ver o efeito que um buraco negro tem em seu entorno.

Um anel de Einstein.

A luz de estrelas e galáxias que passa por um buraco negro é desviada por influência gravitacional, de forma bem parecida como a gravidade do Sol deflete a luz de uma estrela que passa por ele, porém, numa magnitude muito maior. Se um objeto e um buraco negro estiverem precisamente alinhados, um observador veria a luz do objeto se defletir para formar um anel em torno do buraco negro. Este fenômeno é chamado de anel de Einstein. Se a estrela estiver desalinhada – mesmo que ligeiramente – o anel não poderá ser visto e será muito mais difícil detectar o buraco negro.

Os astrônomos precisam buscar maneiras indiretas para deduzir a presença de um buraco negro, procurando, por exemplo, movimentos inesperados em estrelas vizinhas. Se um buraco negro se formar a partir de uma estrela que fazia parte de um sistema binário, ele pode começar a expelir gases em sua própria direção a partir das camadas mais externas de sua estrela vizinha. Esses gases fazem um redemoinho em torno do buraco negro, formando um disco de acreção que atinge temperaturas tão elevadas a ponto de emitir raios X. Uma estrela de nêutrons pode ter um efeito similar, porém, algumas vezes as observações sugerem que o objeto é muito compacto para ser uma estrela de nêutrons. Nesse caso, os astrônomos acreditam ter bons argumentos para dizer que encontraram um buraco negro. Até onde se sabe, o buraco negro mais próximo se encontra a milhares de anos-luz de distância.

O QUE É UMA SINGULARIDADE?

Uma das consequências da descrição da gravidade em termos de curvas no espaço-tempo feita por Einstein é o fato de ela possibilitar a formação de singularidades. Singularidade é um ponto em que alguma propriedade é infinita. Por exemplo, a densidade do material no centro de um buraco negro é infinita porque a massa da estrela foi comprimida até chegar a um volume zero sob o efeito da gravidade infinita.

No centro de um buraco negro, o espaço-tempo tem uma curvatura infinita e o espaço e o tempo deixam de existir de uma forma que faça algum sentido. As leis da física – inclusive as da relatividade – caem por terra na singularidade.

Para Einstein, a ideia de singularidade era abominável, acreditando que não havia lugar para tais infinitudes em uma descrição matemática apropriada do universo. Ele argumentava que as singularidades não poderiam aparecer na natureza "pela simples razão de que a matéria não pode ser concentrada arbitrariamente... pois, caso contrário, suas partículas constituintes atingiriam a velocidade da luz".

Qual o tamanho de um buraco negro?

Um buraco negro pode ser de qualquer tamanho. Os buracos negros que se formam quando uma grande estrela se torna uma supernova tem um raio de cerca de 5 km. Buracos negros galácticos, que se formam nos núcleos de algumas galáxias, podem ter uma massa igual à de milhões de estrelas e serem maiores do que o nosso Sistema Solar. No outro extremo da escala, miniburacos negros, que se formaram logo no início do universo, podem ser menores do que um grão de areia, mas com massa equivalente à de uma montanha.

O limite externo de um buraco negro – seu horizonte de eventos – se forma em um ponto denominado raio de Schwarzschild. Trata-se do raio abaixo do qual a atração gravitacional entre as partículas que constituem um objeto se torna tão intensa que ele sofrerá um colapso gravitacional irreversível, formando, finalmente, um buraco negro. Teoricamente qualquer coisa pode formar um buraco negro caso esta sofra uma compressão suficientemente forte. O raio de Schwarzschild para um ser humano mediano é cerca de 10 a 23 centímetros menor que o núcleo de um átomo.

O raio de Schwarzschild foi descoberto pelo astrônomo alemão Karl Schwarzschild em 1916 enquanto estudava as equações de Einstein referentes à relatividade geral. Schwarzschild o usou para descrever como o espaço-tempo seria torcido próximo de uma estrela esférica. Na época, Schwarzschild foi incapaz de apresentar suas descobertas à Academia Prussiana, pois estava muito ocupado no cálculo de trajetórias para a artilharia do exército alemão no *front* russo, enviando então o seu trabalho a Einstein, que o apresentou em seu nome.

Como consequência da grande curvatura do espaço-tempo, efeitos estranhos ocorrem no horizonte de eventos de um buraco negro. Um observador vendo alguém cair indo em direção ao horizonte de eventos – se tal coisa fosse realmente possível – veria as horas no relógio se passando cada vez mais devagar até, no horizonte de eventos em si, pare-

BURACOS NEGROS SUPERMASSIVOS

Não muito depois da invenção do radiotelescópio, os astrônomos estavam em busca de radiogaláxias altamente energéticas. Da mesma forma que uma estrela de nêutrons, estas lançam feixes de partículas altamente energéticas em direções opostas, porém, em uma escala muito maior. Quando esses feixes interagem com nuvens de gás intergaláctico, eles provocam a emissão de ondas de rádio que podem ser detectadas por telescópios na Terra. Ficava claro que havia apenas uma única fonte de energia possível – matéria caindo e indo em direção a uma massa compacta e formando um disco de acreção altamente energético. Era em uma escala de proporções tais que a massa central teria de ter uma massa extremamente grande e extremamente compacta.

Hoje em dia os astrônomos acreditam que esses sejam buracos negros de massa enorme, com mais de um milhão de vezes a massa do Sol, e que podem ser encontrados no núcleo de galáxias, até mesmo aquelas relativamente "calmas" como nossa Via Láctea. O atual campeão peso-pesado dos buracos negros de massa enorme pesa o equivalente a 21 bilhões de Sóis, praticamente incompreensível para o grau de compreensão humano. Ele pode ser encontrado no congestionado agrupamento galáctico chamado Coma, que é formado por mais de mil galáxias.

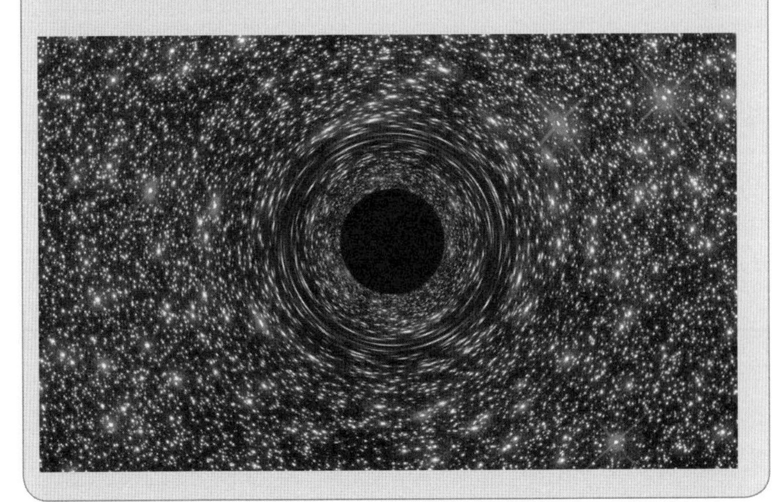

cer que o tempo havia sido congelado. Para a pessoa caindo, aconteceria exatamente o contrário. Ela veria a velocidade do tempo ir acelerando no resto do universo e, quem sabe, sendo testemunha do seu fim antes de cruzar o horizonte de eventos.

Einstein não acreditava que os buracos negros pudessem se formar, mas outros teóricos sim. Eles demonstraram como uma estrela de massa suficientemente grande iria, inevitavelmente, entrar em colapso no final de sua vida para formar uma singularidade de massa enorme em que as leis da física, inclusive as de Einstein, cairiam por terra.

CAPÍTULO 19

Como a Relatividade Levou ao *Big Bang*?

A relatividade sugeria que o universo nem sempre existiu, mas sim que começou em algum momento.

Depois de Einstein ter introduzido ao mundo a relatividade geral, uma série de cientistas, inclusive o próprio Einstein, tentou ver como a teoria se aplicaria ao universo como um todo. Na época isso exigia que eles partissem de pressupostos sobre como era distribuída a matéria no universo. A primeira ideia deles era que, quando se observa em uma escala suficientemente grande, o universo parece mais ou menos o mesmo, não importando para que direção se olhe. A segunda ideia era de que o universo parece o mesmo independentemente de onde se esteja; em outras palavras, a matéria no universo é homogênea (a mesma em todos os lugares) e isotrópica (a mesma em qualquer direção) quando se calcula uma média numa escala muito grande. Essas suposições constituem o Princípio Cosmológico.

Munido da descrição de Einstein de como a gravidade funciona e tendo uma noção de como a matéria é distribuída no universo, é possível construir uma imagem de como o universo evoluiu ao longo do tempo. A imagem que obtemos é uma em que o universo começou, de fato, do zero. Se pegarmos o universo em expansão e o observarmos ao avesso, retrocedendo sua evolução no tempo, vemos toda a matéria, toda a energia, todo o espaço e todo o tempo se contraírem para um único ponto de densidade e gravidade infinitas e tamanho zero – uma singularidade, em outras palavras. Neste ponto, as equações de Einstein, pilares de sua teoria geral que descrevem como as distorções do espaço-tempo afetam a matéria e a energia nele contidas, caem por terra – da mesma maneira como acontece com uma singularidade de um buraco negro. Por alguma razão, e nós simplesmente não sabemos qual, tudo que constitui o universo hoje se expandiu a partir deste ponto zero em um evento que acabou ficando conhecido como *Big Bang* (veja a ilustração da página inicial do capítulo).

Como tudo começou?

A primeira pessoa a sugerir um possível início para o universo em expansão foi o padre e astrônomo Georges Henri Lemaître (1894–1966). Ele propôs a ideia de um "átomo primordial" no final dos anos 1920 em um famoso artigo intitulado "Um Universo Homogêneo de Massa Constante e Raio Crescente Justificando a Velocidade Radial de Nebulosas Extragaláticas".

Lemaître começou com uma solução para as equações de Einstein correspondentes a um universo em expansão. A partir disso, Lemaître deduziu que a velocidade das galáxias mais distantes é proporcional às suas distâncias – descoberta que estava de acordo com os cálculos do desvio para o vermelho de Hubble. Ele sugeriu que, no passado distante, toda a massa do universo concentrava-se num único superátomo. De acordo com Lemaître, este átomo primordial começou a se dividir repetidamente, até dar origem a toda a matéria que vemos hoje em dia. Ele não usou a expressão "*Big Bang*", mas se referiu a ele como "um dia sem um ontem".

Lemaître encontrou-se com Einstein pela primeira vez em outubro de 1927, durante o Quinto Congresso Solvay de Física em Bruxelas. Einstein havia lido o artigo de Lemaître e então começaram a discuti-lo. Einstein não conseguia apontar defeitos na matemática de Lemaître, mas discordava de sua interpretação, chegando ao ponto de considerá-la "abominável". À época, Einstein continuava preso à ideia de um universo estático e à sua Constante Cosmológica.

Quando se encontraram novamente em 1933, Einstein havia abandonado sua teoria e estava mais receptivo à ideia de Lemaître. Ele havia aceito a ideia de um universo em expansão, mas não a noção de uma singularidade inicial. Ele sugeriu a Lemaître que modificasse seu modelo, na esperança de, se certas mudanças fossem feitas, a singularidade inicial poder ser ignorada. Lemaître logo mostrou que o modelo revisado também levava à singularidade.

Um universo em resfriamento

Depois da Segunda Guerra Mundial, Ralph Alpher e George Gamow, seu orientador para o doutoramento, sugeriram que o universo havia sido formado a partir de um caldeirão de partículas atômicas a uma temperatura de trilhões de graus Celsius. Eles deram o nome de "*ylem*" a essa sopa atômica.

O *ylem* resfriava à medida que se expandia, pois sua energia se espalhava em volumes de espaço cada vez maiores. Gamow e Alpher queriam provar que as condições iniciais que haviam imaginado eram a fonte dos elementos no universo. Constataram que alguns deles, como o hidrogênio e o hélio, eram bem comuns, ao passo que outros, como o estanho e o ouro, eram muito mais raros.

Dedicaram-se por vários meses aos seus cálculos, procurando entender os efeitos da queda na temperatura e densidade à medida que o universo se expandia. Seus resultados sugeriram que o hidrogênio e o hélio deviam ser de longe os elementos mais comuns e que deveria haver dez átomos de hidrogênio para cada átomo de hélio. Esta era exatamente a razão que havia sido determinada pelos astrônomos.

Em 1948, Alpher, desta vez com Robert Herman, publicaram um artigo em que previam que a radiação dos primórdios do universo ainda poderia ser detectada. Eles

Ralph Alpher.

calcularam que esta "radiação cósmica de fundo", como a chamaram, deveria ter uma temperatura aproximada de -268°C. Este teria sido o último resquício de brilho que restou da inimaginável explosão de energia que havia dado à luz o universo. Alpher tentou persuadir os astrônomos a buscarem esses ecos do início dos tempos. Infelizmente, à época não havia equipamento capaz de refutar ou provar a teoria deles, de modo que a previsão foi mais ou menos deixada de lado por cerca de 20 anos.

Em 1964, os radioastrônomos norte-americanos Arno Penzias e Robert Wilson fizeram uma descoberta que, finalmente, veio de encontro ao *Big Bang*. Enquanto testavam um detector de micro-ondas astronômico chamado Antena de Trompa Holmdel, eles estavam preocupados com o fato de parecer que o aparelho estivesse captando ruído de toda a abóbada celeste. No início, eles pensavam que poderia ser fezes de pombas a causa do mau funcionamento. Porém, depois de limparem o detector – e afastado as pombas! – viram que o ruído provinha de fora da atmosfera e de todas as

Mapa da radiação cósmica de fundo, último resquício de brilho deixado pelo Big Bang.

direções. Ele jamais variava, não importando a que horas do dia fizessem os testes.

Nesta época, os físicos Bob Dicke e Jim Peebles estavam planejando um experimento para testar a ideia de Alpher de que existiriam resquícios de radiação do universo primitivo. Eles anteviram que a luz das primeiras estrelas teria sofrido um desvio para o vermelho tão violento em sua jornada épica através do universo, que pareceria para nós como radiação de micro-ondas.

Tendo ouvido falar do trabalho deles, Penzias e Wilson contataram Dicke e Peebles para perguntar se suas descobertas eram o que Dicke e Peebles estavam buscando. Dicke confirmou que os misteriosos sinais eram de fato a radiação cósmica de fundo e, consequentemente, prova do *Big Bang*. "Sim, vocês se anteciparam a nós", admitiu ele.

O QUE ESTÁ POR TRÁS DE UM NOME

Alpher teve que lutar contra diversos astrônomos que se recusavam a aceitar que o universo tinha tido um princípio. Em 1950, o astrônomo britânico Fred Hoyle participou de um programa de rádio tratando do assunto e ridicularizando as ideias de Alpher e Gamow, referindo-se à teoria deles como um "*big bang*". Ferrenho oponente da noção de um universo em expansão, Hoyle preferia sua própria teoria do "estado permanente" em que o universo permanece em grande parte como sempre foi. Mas o termo "*Big Bang*" se fixou no imaginário coletivo e daí em diante, a ideia de que o universo começou de um ponto inicial ficou conhecida como a teoria do "*Big Bang*".

Para onde vamos a partir daqui?

Já que estabelecemos que estamos em um universo em expansão, o que virá depois? O destino do universo depende do equilíbrio entre a taxa de expansão, que é expressa por um fator chamado Constante de Hubble, e a curvatura do espaço-tempo pela gravidade, que é determinada pela quantidade de matéria no universo.

Há três resultados possíveis. No primeiro cenário, a quantidade de matéria no universo será maior do que a "densidade crítica", como os cosmologistas a chamam, e a expansão é diminuída, paralisada e revertida pela gravidade. O espaço-tempo se curva para dentro de si mesmo como um bola de praia cósmica quadridimensional e o universo finalmente colapsa novamente em um *Big Crunch* (colapso gravitacional terminal). No segundo cenário, a densidade do universo é um pouco menor do que a densidade crítica. O universo continua a se expandir, mas a um ritmo cada vez menor. No terceiro cenário, a taxa de expansão acelera. O possível resultado final parece ser o que está acontecendo agora. Os abismos entre as galáxias, que já estão bem longe do que nossa imaginação consegue alcançar, vão crescendo e ficando mais apartados.

> ***"Quando ouvimos pela primeira vez aquele inexplicável zuuuum [ruído surdo e contínuo], não entendemos a sua relevância, e jamais imaginávamos que pudesse estar relacionado com a origem do universo. Somente depois de termos exaurido todas as explicações possíveis para a origem do som que nos demos conta de que estávamos diante de algo grande".***
>
> Arno Penzias

Resultados obtidos a partir da sonda espacial WMAP e observações de supernovas distantes parecem indicar que a expansão do universo está acelerando. Isso implica a existên-

Robert Wilson (à esquerda) e Arno Penzias.

cia de uma força desconhecida atuando contra a gravidade, que algumas vezes é referida como "energia escura". A existência dessa força é reminiscente da constante cosmológica de Einstein.

A quantidade de matéria no universo também determina sua geometria. Se a densidade do universo for maior do que a densidade crítica, a geometria do espaço é fechada e curvada como a superfície de uma esfera. Se a densidade do universo for menor do que a densidade crítica, então o espaço é aberto (infinito) e curvado como a superfície de uma sela. Se a densidade do universo for exatamente igual à densidade crítica, então a geometria do universo é plana, como uma folha de papel e infinita na extensão.

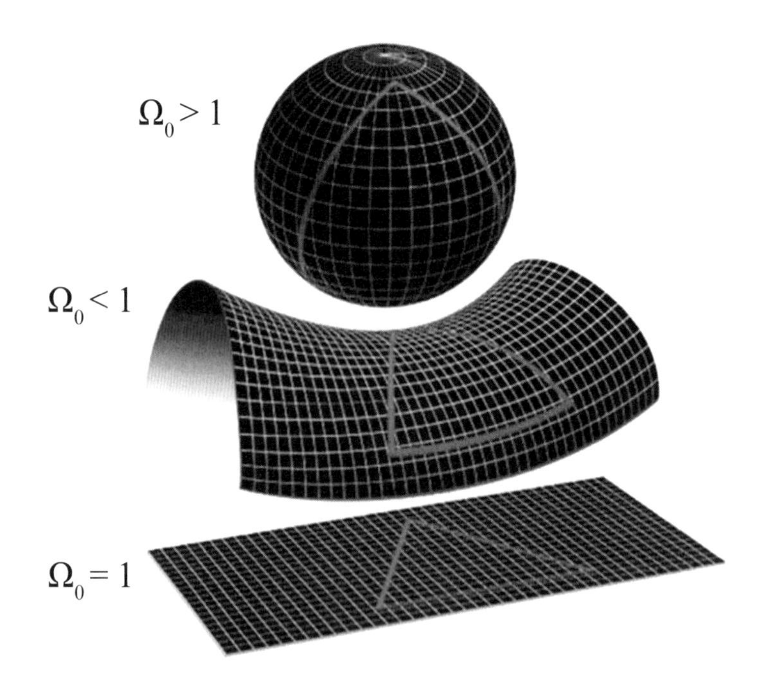

DO NADA, E PARA O NADA?

O *Big Bang* não foi uma explosão repentina de toda a matéria do universo lançada no espaço. Antes do *Big Bang*, não havia nenhum espaço para qualquer coisa explodir. Espaço, tempo e tudo o mais surgiu com o *Big Bang*. Não havia nenhum "centro" a partir do qual tudo se expandiu – com a melhor máquina do tempo que nossa imaginação possa conceber, ainda não é possível retornar no tempo e observar o *Big Bang* acontecer. Não há nenhum observatório privilegiado a partir do qual poderíamos observá-lo. O *Big Bang* foi uma erupção do espaço e do tempo que levou consigo toda a massa e energia do universo. O universo, por definição, compreende todo o espaço e tempo como conhecemos; portanto, não faz sentido e, em última instância, não se consegue responder, a especulação sobre para onde a expansão do universo está nos levando.

O pensamento atual prevê que a densidade do universo está muito próxima da densidade crítica e que, portanto, a geometria do universo é plana. Caso esteja tentando imaginar o que é a densidade crítica, ela corresponde a, grosso modo, seis átomos de hidrogênio por metro cúbico – não tão absurdamente grande para determinar a sorte de um universo!

Mais rápido do que a luz

Acredite ou não, algumas galáxias estão se afastando umas das outras mais rapidamente do que a velocidade da luz. Como isso é possível? Afinal de contas, Einstein estava errado?

O importante a lembrar é que as galáxias não estão todas correndo desordenadamente através do espaço. É o universo que está se expandindo e o espaço em si que está se tornando maior, e está levando as galáxias juntamente com ele. Portanto, embora seja impossível se deslocar no espaço mais rapidamente do que a velocidade da luz, a regra não se aplica ao espaço em si e é de fato possível que as distâncias entre as galáxias aumentem num ritmo mais rápido do que a velocidade da luz.

Poderia, deveria?

De acordo com a relatividade geral, o princípio do universo poderia ter ocorrido em um *Big Bang*. Mas a questão que o físico britânico Roger Penrose colocou foi a seguinte: A relatividade geral prevê que deve ter ocorrido um *Big Bang*? Em outras palavras, dizer que algo poderia ter acontecido é o mesmo que dizer que aconteceu de fato?

Em 1965, Penrose combinou a maneira através da qual a relatividade geral explica o comportamento dos cones de luz com o fato de que a gravidade sempre é uma força de atração. Ele demonstrou matematicamente que uma estrela em colapso sob a ação de sua própria gravidade irá, no final, ser capturada em uma região do espaço que se contrai até chegar a zero. Contida neste volume zero, a densidade da matéria e a curvatura do espaço-tempo são infinitas. A estrela colapsada forma uma singularidade de buraco negro.

Ao mesmo tempo em que Penrose elaborava seu teorema, Stephen Hawking buscava um tema para sua tese de doutorado. Ele leu o trabalho de Penrose e se deu conta de que ao se inverter a direção do tempo no teorema (cientificamente, algo perfeitamente válido de se fazer) e, consequentemente, em vez de colapsar a zero, expandir a partir de zero, o teorema continuava válido. Penrose havia demonstrado que uma estrela em colapso deve terminar em uma singularidade. Hawking demonstrou que o modelo atual de um universo em expansão era correto, então ele deve ter começado a partir de uma singularidade.

Sir Roger Penrose.

Em 1970, Penrose e Hawking produziram um artigo conjunto que apresentava uma demonstração matemática de que se a descrição do universo dada pela teoria geral da relatividade de Einstein estivesse correta, e o universo contivesse tanto material como observamos que há, então o universo deve ter começado a partir de uma singularidade.

Escrito anos antes do trabalho de Hawking e Penrose, as palavras finais de Einstein sobre o *Big Bang* foram:

> *"Não... se pode admitir a validade das equações para densidades muito elevadas de campo e matéria, e não se pode concluir que o 'início da expansão' tem que significar uma singularidade em termos matemáticos."*

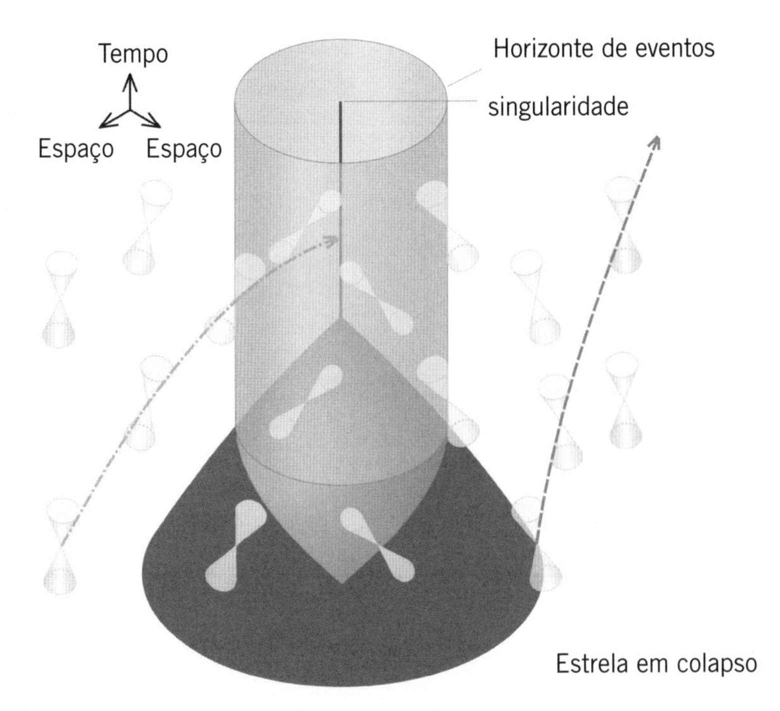

A ação dos cones de luz próximos a um buraco negro.

Até então, a teoria geral da relatividade de Einstein resistiu ao teste do tempo e dos experimentos. Não surgiu nada que fizesse os cientistas duvidar de sua validade como um meio para explicar o universo como ele é hoje. Porém, trata-se de uma visão incompleta. A teoria não é capaz de descrever o que aconteceu no princípio do universo, pois ela prevê, na singularidade, a quebra de todas as leis da física, inclusive sua própria teoria. Deve ter existido um tempo nos primórdios do universo quando os eventos eram dominados pelas regras de outro grande pilar da ciência moderna – a mecânica quântica.

CAPÍTULO 20

Deus Joga Dados?

Outra teoria – a estranha ciência da mecânica quântica – provocaria um grande abalo no mundo da física.

Durante um século, a física tem sido dominada por duas grandes teorias sobre o funcionamento do universo. A chegada praticamente simultânea da teoria quântica de Max Planck em 1900 e da teoria da relatividade de Albert Einstein em 1905 marcou o início de um período em que os verdadeiros fundamentos da física seriam revistos.

A teoria da relatividade geral de Einstein funciona em uma escala grande, descrevendo como a gravidade molda o universo do espaço e do tempo. A mecânica quântica descreve como o universo funciona numa escala muito pequena, até chegar ao tamanho dos átomos ou menor ainda. O campo quântico é muitas vezes descrito como um mundo de *Alice no País das Maravilhas*, em que os eventos são misteriosos, incertos e inexplicáveis.

Na fábula de Lewis Carroll, Alice no País das Maravilhas, uma jovem adentra um mundo da fantasia em que, de repente, o cotidiano fica estranho e regras sociais e científicas familiares não se aplicam mais.

Ambas as teorias foram testadas por observação e experimento em níveis de precisão extraordinários e cada uma delas parece refletir o universo como ele realmente é. O problema enfrentado pela física é que as duas teorias simplesmente não são coerentes entre si. As leis da relatividade que governam o universo na grande escala não se aplicam à pequena escala da mecânica quântica. O oposto também é verdade – a mecânica quântica não nos informa nada a respeito dos movimentos das galáxias nem sobre a geometria do universo. No momento, não existe nenhuma teoria que tenha conseguido combinar gravidade e mecânica quântica.

O modelo de Bohr

Em 1913, o físico dinamarquês Niels Bohr elaborou uma teoria para a estrutura do átomo que se baseava nas ideias de Planck e Einstein sobre os *quanta*. Ele queria explicar como os átomos eram capazes de emitir *quanta* de luz e também por que os elétrons não percorriam uma espiral em direção ao núcleo quando estes perdem energia. Para tanto ele teorizou que os elétrons de um átomo permanecem a distâncias fixas do núcleo do átomo, dispostos em órbitas, ou esferas concêntricas, em torno do átomo.

Com seu modelo, Bohr explicou como os elétrons poderiam pular de uma órbita para outra emitindo ou absorvendo energia em *quanta* fixos. Por exemplo, se um elétron pula para uma órbita mais próxima do núcleo, ele deve emitir energia igual à diferença de energia entre as duas órbitas. Ao contrário, para pular para uma órbita mais alta, o elétron tem de absorver um *quantum* de luz igual em energia à diferença das órbitas.

A teoria de Bohr funcionava bem para descrever o único elétron do átomo de hidrogênio, mas encontrava dificuldades quando aplicada a átomos maiores com vários elétrons. Sua

PLANCK E EINSTEIN

Max Planck e Albert Einstein tinham enorme respeito e afeição um pelo outro. Por ocasião do 60º aniversário de Planck, Einstein falou da "inesgotável persistência e paciência" que seu amigo dedicava para "os problemas mais gerais de nossa ciência sem se deixar ser dissuadido por metas que lhes seriam muito mais rentáveis e fáceis de serem atingidas. Muitas vezes ouvi que colegas atribuiriam essa atitude a disciplina e força de vontade excepcionais; acredito que isso seja totalmente enganoso. O estado emocional que possibilita tais realizações é similar àquele do religioso ou de uma pessoa apaixonada; a busca diária não se origina de um projeto ou programa, mas sim de uma necessidade objetiva". O mesmo provavelmente poderia ser dito sobre o próprio Einstein.

insistência em um conjunto limitado de órbitas permitidas parecia um tanto arbitrária e parecia ser um beco sem saída. A nova teoria da mecânica quântica resolveria esta dificuldade.

A dualidade onda-partícula novamente

Em sua descrição do efeito fotoelétrico, Einstein havia demonstrado que a luz possuía tanto propriedades de onda

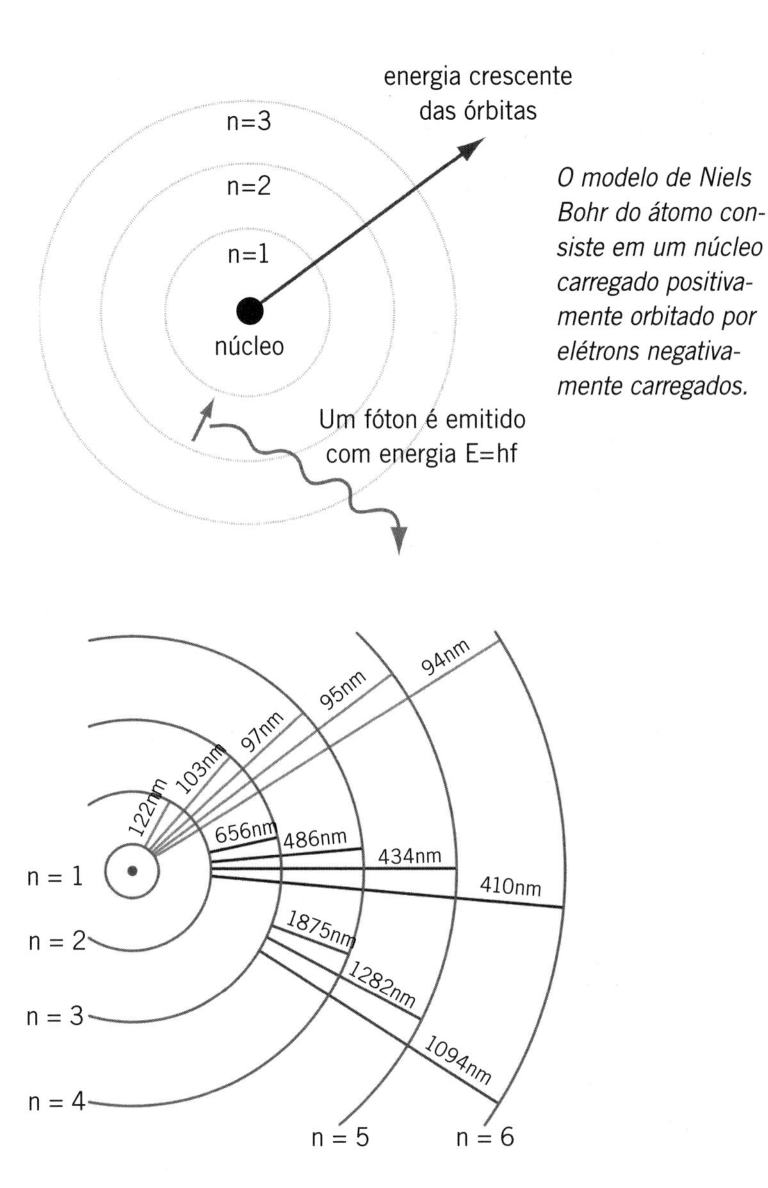

O modelo de Niels Bohr do átomo consiste em um núcleo carregado positivamente orbitado por elétrons negativamente carregados.

Quando um elétron pula para uma órbita mais baixa, é emitido um fóton de comprimento de onda específico produzindo o espectro característico do átomo.

quanto de partículas. Em um experimento realizado em 1922, o físico americano Arthur Holly Compton destacou a natureza dual onda-partícula da radiação eletromagnética.

O experimento envolvia emitir um fluxo de raios X através de um material-alvo. Compton observou que uma pequena parte do fluxo era desviada para os lados em vários ângulos, e os raios X dispersos tinham comprimentos de onda mais longos do que o fluxo original. Essa mudança poderia ser explicada apenas se fosse suposto que os raios X eram partículas com quantidades discretas de energia e momento, e aplicando-se as leis da conservação de energia e do momento à colisão entre fóton e elétron.

Quando os raios X são dispersos, o momento destes é parcialmente transferido para os elétrons com os quais eles interagem. O elétron absorve parte da energia de um *quantum* de raio X e, como resultado, a frequência do raio X se reduz. Tanto a mudança do momento quanto a mudança de frequência provocadas pela dispersão são explicadas pela fórmula quântica de Einstein.

O experimento de Compton havia estabelecido a existência de fótons, que até então era questionada. A mecânica quântica veio meses depois dessa revelação.

Tem um elétron lá?

Nos anos 1920, pesquisadores estudavam a maneira através da qual um fluxo de elétrons ricocheteia ao atingir um pedaço de níquel. Neste experimento, os cristais de níquel agiam de forma similar às duas fendas usadas no experimento de interferência da luz. Efetivamente tratava-se do mesmo experimento, mas usando-se um fluxo de elétrons em vez de um feixe de luz. Os experimentos revelaram que, da mesma forma que acontecia com a luz, os elétrons formavam um

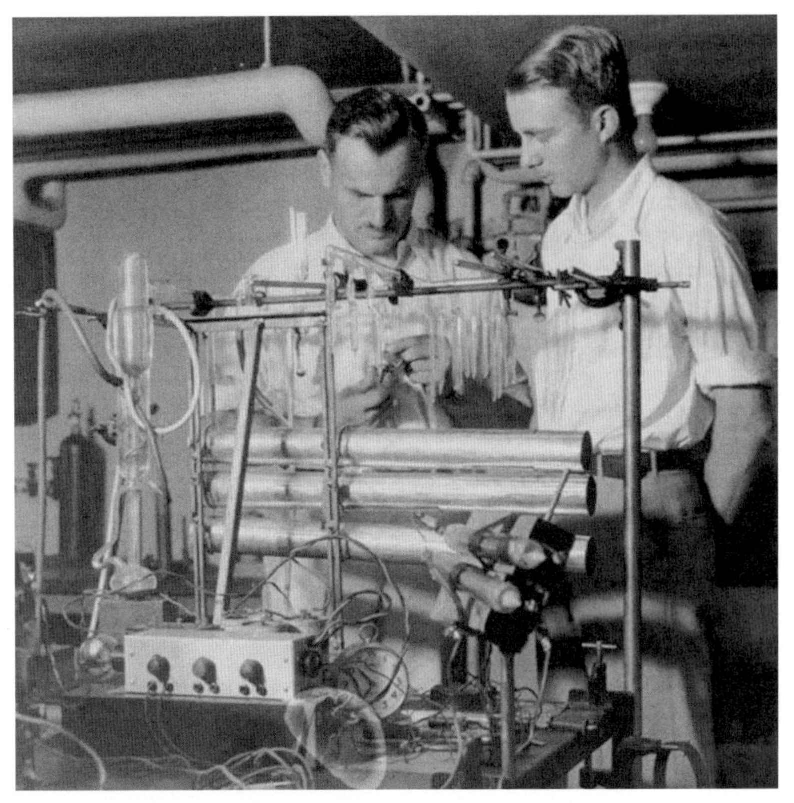

Arthur Compton (à direita) com Luis Alvarez em 1933.

padrão de interferência. Eles estavam se comportando como se fossem ondas, como De Broglie havia previsto. Mas qual era a natureza dessas ondas?

O físico alemão Max Born disse que a onda era como um gráfico mapeando a probabilidade de se encontrar um elétron num determinado lugar. É muito mais provável se encontrar um elétron onde a magnitude do "pacote de ondas" for maior; é muito menos provável de ele ser encontrado se a magnitude do pacote de ondas for pequena. Esse é um dos conceitos mais estranhos da mecânica quântica. Como uma partícula talvez possa estar aqui ou, quem sabe, lá?

ONDA–PARTÍCULA, PARTÍCULA–ONDA?

Em sua tese de doutorado de 1932, o físico francês Louis-Victor De Broglie propôs que não apenas a luz, mas toda matéria e radiação possuem características tanto de partícula quanto de onda. Recorrendo a uma crença intuitiva na simetria da natureza e na teoria quântica da luz de Einstein, De Broglie questionou: se uma onda pode se comportar como uma partícula então por que uma partícula, como o elétron, não pode se comportar como uma onda? De Broglie raciocinou que como a famosa equação de Einstein $E = mc^2$ estabelecia uma relação entre massa e energia e tanto Einstein quanto Planck haviam estabelecido relação entre energia e frequência de onda, então a combinação das duas sugeriria que a massa poderia ter uma forma característica de onda também. Einstein apoiou a ideia do francês De Broglie, pois ela parecia ser uma continuação natural de suas próprias teorias. Solicitado pela banca examinadora para tecer comentários sobre a tese do candidato a doutoramento De Broglie, ele disse:

> ***"Acredito que a hipótese de De Broglie seja o primeiro tênue raio de luz lançado sobre este que é o pior de nossos enigmas da física. Pode parecer loucura, mas ela é realmente consistente!"***

Louis-Victor de Broglie

De acordo com Born, a natureza de onda da matéria significa que tudo tem de ser examinado em termos de probabilidades. No campo quântico não há nada categórico.

O máximo que podemos fazer é dizer que o elétron provavelmente se encontra em algum lugar; jamais poderemos dizer com certeza que ele está lá num ponto determinado. Isso significa que podemos realizar um experimento envolvendo os elétrons e não obter toda vez a mesma resposta, muito embora façamos tudo exatamente da mesma maneira. Tudo que podemos medir são prováveis resultados, não resultados certos.

O princípio da incerteza de Heisenberg

O famoso princípio da incerteza de Werner Heisenberg, formulado pela primeira vez em 1927, demonstrou que é impossível saber-se precisamente a posição e o momento de uma partícula ao mesmo tempo. Quanto mais acuradamente for medido o momento de uma partícula, de forma menos precisa poderá ser determinada sua posição. Se fosse possível medir o momento de um elétron com precisão absoluta, sua localização se tornaria completamente incerta – talvez possamos saber a velocidade com que ele está se deslocando, mas não teremos a mínima ideia de onde ele se encontra.

Werner Heinsenberg.

Se os físicos clássicos tivessem sido surpreendidos pela dualidade onda-partícula, então o princípio da incerteza os teria deixado perplexos. Não temos como saber que isso é possível com base em nossa experiência do dia a dia. Se, por exemplo, estiver dirigindo um carro, você tem uma ideia razoável de sua posição e velocidade. Mas o princípio da incerteza de Heisenberg afirma que você pode saber que está a 70 km/h, mas não tem a mínima ideia se está se dirigindo para Guildford ou Glasgow.

Essas incertezas não têm nada a ver com falta de habilidade do observador ou com equipamentos inadequados. Heisenberg mostrou que a incerteza no momento multiplicada pela incerteza na posição da partícula jamais pode ser inferior à constante de Planck – ela é uma propriedade fundamental do universo que coloca um limite naquilo que conhecemos.

Ondas de Schrödinger

Em 1926, o físico austríaco Erwin Schrödinger desenvolveu uma equação que determina como esses pacotes de ondas são formados e como eles evoluem. A equação de Schrödinger descreve a forma dos pacotes de ondas (ou "funções de onda") que governam o movimento de pequenas partículas. Ela também especifica como estas ondas são alteradas por influências externas. Schrödinger tentou sua equação com o átomo de hidrogênio, e descobriu que ela previa suas propriedades com grande precisão.

Diz-se que a equação de Schrödinger é tão importante para a mecânica quântica quanto as leis do movimento de Newton foram para a mecânica clássica. Schrödinger estava tentando descrever o mundo quântico em termos matemáticos; ele não estava tentando construir um modelo que se pudesse imaginar na cabeça, como a antiga ideia de um átomo

Erwin Schrödinger.

como um minissistema solar. A mecânica quântica estava mostrando como o campo do átomo poderia ser descrito em termos matemáticos precisos e rigorosos, mas com resultados que poderiam ser vistos apenas em termos probabilísticos, e não de certezas.

De acordo com a mecânica quântica, quando fazemos uma medição para localizar a posição de uma partícula, provocamos um colapso em sua função de onda. Não é mais possível para ela estar em algum outro lugar quando não se sabe com certeza onde ela está – a probabilidade de ela estar em algum outro lugar cai a zero, enquanto a probabilidade de ela estar onde você a observou aumenta para 100%.

NO COMPRIMENTO DE ONDA CERTO

De acordo com a fórmula elaborada por De Broglie, até mesmo grandes objetos apresentam uma natureza de onda. O comprimento de onda do físico De Broglie de um carro comum se deslocando a 40 km/h é cerca de 6×10^{-38} m. É muitíssimo pequeno para se medir.

Ainda existe discordância se uma função de onda é ou não algo físico real ou apenas uma ferramenta matemática que nos permite calcular as probabilidades do campo quântico, mas sem base alguma na realidade. Sob uma perspectiva prática, isso parece não ter importância. A interpretação de Copenhagen da teoria quântica, elaborada nos anos 1920 principalmente pelos físicos Niels Bohr e Werner Heisenberg, trata a função de onda como nada mais que uma ferramenta para prever resultados de observações. Ela diz que os físicos não devem tentar imaginar com o que se parece a "realidade" – abordagem esta que o físico David Merman sintetizou de forma memorável como "Cale-se e calcule!". As certezas de um universo funcionando como um relógio dos dias de Newton há muito ficaram para trás.

A interpretação de Copenhagen

Na interpretação de Copenhagen da mecânica quântica, patrocinada por Niels Bohr e outros (e que recebeu o nome da cidade em que Bohr vivia), as propriedades de uma partícula

Niels Bohr.

AS CONFERÊNCIAS DE SOLVAY

Instituídas pelo industrial belga Ernest Solvay, as Conferências de Solvay sobre física e química foram realizadas em Bruxelas. A primeira conferência de física ocorreu em 1911 e a primeira conferência de química em 1922. Elas eram organizadas num esquema trienal, sendo a conferência de física no primeiro ano, nenhuma conferência no segundo ano e a de química no terceiro. A quinta conferência de física em 1927 ficou famosa pelo papel que teve na formulação de ideias que iriam depois dominar a mecânica quântica bem como pela controvérsia entre Albert Einstein de um lado e Niels Bohr, Werner Heisenberg e Max Born do outro, em relação à validade da interpretação de Copenhagen.

Os físicos mais eminentes do mundo se reuniram para discutir a recém-formulada teoria quântica na Conferência de Solvay de 1927. Einstein aparece no meio da primeira fila.

quantum não têm nenhum valor definido até que seja feita uma medição. O princípio da complementaridade é fundamental para a interpretação de Copenhagen. Esta diz que a natureza de onda e partícula dos objetos são aspectos complementares de uma única realidade, assim como os dois lados de uma moeda. Um elétron ou um fóton, por exemplo, certas vezes podem se comportar como uma onda e outras vezes como partícula, mas jamais as duas situações ao mesmo tempo, da mesma forma que uma moeda lançada para o alto pode dar cara ou coroa, mas não as duas simultaneamente.

Niels Bohr disse que não tinha sentido perguntar o que um elétron era realmente. Experimentos desenvolvidos para medir ondas observarão ondas, ao passo que experimentos desenvolvidos para medir propriedades de partículas observarão partículas. É impossível elaborar um experimento que nos possibilite observar onda e partícula ao mesmo tempo. A função de onda é uma descrição completa de uma onda/partícula. Quando é feita uma medição da onda/partícula, sua função de onda colapsa. Qualquer informação que não possa ser obtida da função de onda não existe.

Nos anos 1920, Max Born afirmou que ondas-partículas são medidas de probabilidade. Elas não são entidades físicas como as ondas sonoras ou as ondas de água. Jamais podemos ter certeza de como uma dada partícula irá se comportar – elétrons idênticos podem fazer coisas completamente diferentes cada vez que um experimento for realizado, de modo que o resultado só pode ser previsto estatisticamente.

A interpretação de Copenhagen da mecânica quântica estabeleceu uma pronunciada cisão entre a física clássica newtoniana e a física quântica. No mundo cotidiano, nossa expectativa é a de que cada evento tenha uma causa. Um copo d'água não cai por si só; ele foi, por exemplo, derrubado quando uma pessoa tropeçou e acabou batendo com uma certa violência na mesa em que ele estava. Talvez não estivéssemos prevendo que alguém faria isso, mas se tivéssemos todos os detalhes circunstanciais, como a amplitude da passada da pessoa e a altura da ruga no tapete em que ela tropeçou, poderíamos chegar a uma probabilidade razoável do fatídico evento. Portanto, de acordo com a física clássica, todas as variáveis estão lá, mesmo que algumas vezes seja difícil mensurá-las.

Já no mundo quântico, não há detalhes relevantes a serem levados em consideração, há simplesmente puro acaso. O mundo quântico é pura probabilidade estatística. A visão de Copenhagen é que a indeterminação é uma característica fundamental da natureza e não apenas resultado de nossa falta de conhecimento. Simplesmente temos de aceitar que é assim e não tentar explicá-la.

Einstein se manifesta

Alguns físicos, entre eles Albert Einstein, se preocupavam com esta falta de explicação. No segundo trimestre de 1927, por ocasião do 200º aniversário da morte de Newton, duas décadas depois de Einstein ter, com aparente facilidade, invalidado grande parte da física clássica com sua teoria da relatividade especial, ele vem em defesa da mecânica clássica e da causalidade. "A última palavra ainda não foi dada", argumentou Einstein. "Talvez o espírito do método de Newton nos dê o poder de restabelecer a união entre a realidade física e a mais profunda característica dos ensinamentos de Newton – estrita casualidade".

Einstein jamais aceitou a teoria quântica; ele acreditava que ela era correta até o ponto onde chegou, mas era incom-

EINSTEIN E O LASER

Entre todas as suas realizações, talvez não seja tão conhecido que Einstein também contribuiu para o desenvolvimento do *laser*. "*Laser*" é acrônimo de "*Light Amplification by Stimulated Emission of Radiation*, isto é, amplificação da luz através da emissão estimulada de radiação". Trata-se de um dispositivo que cria e amplifica um fluxo de luz estreito e focado e tem suas origens no artigo de Einstein de 1917 sobre a teoria quântica da radiação.

Em um raio *laser*, átomos ou moléculas, sejam aqueles de um cristal, como o rubi ou a granada, ou de um gás ou líquido, são "bombeados" para levá-los para níveis de energia mais elevados. Isso produz uma "explosão" de luz à medida que os átomos descarregam uma torrente de fótons. Isso é chamado de emissão estimulada, processo sugerido pela primeira vez como sendo possível em seu artigo de 1917. Depois de completar seu trabalho da teoria da relatividade geral no ano anterior, Einstein passou a explorar a interação entre matéria e radiação. Foi durante esse trabalho que ele cogitou uma teoria estatística fundamental do calor aperfeiçoada, que abrangia o *quantum* de energia.

Einstein propôs que um átomo excitado, um que tenha absorvido um fóton, pode retornar para um estado de energia mais baixo reemitindo o fóton, processo que ele chamou de emissão espontânea. Ele também previu que à medida que a luz atravessa uma substância, ela poderia estimular a emissão de mais luz. Sua ideia era que se tivéssemos um grande número de átomos em um estado excitado, todos prontos para emitir um fóton, um fóton errático passando por ela poderia estimulá-los a liberar seus fótons. Esses fótons liberados poderiam ter a mesma frequência e direção do fóton original. É liberada então uma cascata de fótons à medida que os fótons idênticos se deslocam através do restante dos átomos. Einstein jamais colocou sua teoria em prática – isso teve que aguardar até 1960, quando o primeiro dispositivo *laser* funcional foi construído.

pleta em termos de fundamentos. Ele não conseguia aceitar uma realidade definida por incerteza, probabilidade e indeterminação, acreditando que as probabilidades da mecânica quântica eram resultado de uma lacuna em nosso conhecimento sobre como o universo opera na escala atômica. Uma vez que tenhamos um entendimento mais completo, pensou Einstein, a probabilidade seria substituída pela certeza.

Certa vez Einstein disse a um amigo que, quando estava julgando uma teoria, ele perguntava a si mesmo se, caso fosse Deus, "Eu teria disposto o mundo dessa maneira". Ele não conseguia acreditar que havia regras governando grande parte do que acontecia no universo, mas que no nível de realidade do *quantum* fundamental, as coisas pareciam ser deixadas ao acaso. Em uma carta a Max Born, escrita em 1926, afirmou ele:

> *"A mecânica quântica certamente é imponente. Mas uma voz interior me diz que ela ainda não é a última palavra. A teoria diz muito, mas realmente não nos faz aproximar em nada do segredo da "antiga". De qualquer modo, estou convencido de que Ele não joga dados".*

CAPÍTULO 21

Quem se Saiu Melhor na Discussão?

Einstein e Bohr debateram exaustivamente a teoria quântica por décadas. Seria possível dizer que algum deles venceu o debate?

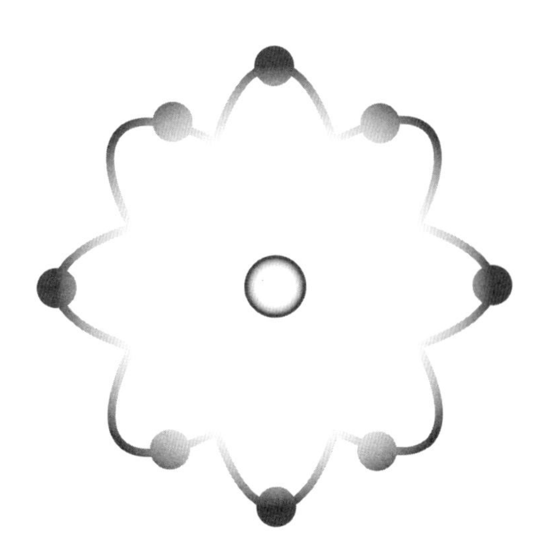

Por um período de três décadas, até a morte de Einstein, Einstein e Bohr repetidamente questionaram um ao outro suas crenças e interpretações do mundo quântico. Esses debates jamais foram ácidos – os dois físicos eram grandes amigos – porém, cada um deles mantinha o seu ponto de vista e o defendia de forma obstinada. Einstein acreditava que havia uma realidade objetiva que existia e poderia ser mensurada, ao passo que Bohr acreditava que o próprio ato da mensuração alterava a realidade. Por exemplo, um elétron não possui uma posição definida no espaço até que alguém decida medi-la.

A disputa entre Einstein e Bohr

Einstein e Bohr se entrecruzaram várias vezes durante o curso da Quinta Conferência Solvay de Física. Einstein entendia que a mecânica quântica era sugestiva, mas sentia que ela não oferecia um panorama completo. Bohr, confiante de que Einstein concordaria com a interpretação de Copenhagen, ficou chocado e desapontado com a oposição de Einstein.

Depois da conferência, Einstein e Bohr travaram uma série de discussões em que Einstein tentaria encontrar falhas na interpretação de Bohr da mecânica quântica e Bohr iria defender a sua posição. Einstein apresentava a Bohr um experimento mental e Bohr encontraria uma falha no argumento de Einstein, normalmente num prazo de poucos dias.

Em 1948, Bohr sintetizou as discussões entre os dois homens. Concluiu ele:

> *"Tenham sido nossos encontros de curta ou longa duração, eles sempre deixaram uma profunda e indelével marca em minha mente."*

Niels Bohr e Albert Einstein.

Uma caixa cheia de luz

Uma das mais célebres disputas foi quando Einstein pediu a Bohr para imaginar uma caixa cheia de luz. A caixa tinha uma série de relógios e balanças instalados dentro dela e estes poderiam ser usados para determinar tanto a energia quanto o momento da liberação de um fóton único. Primeiramente a caixa tinha que ser pesada, depois um único fóton seria liberado através de um obturador operado por um mecanismo à base de relógio dentro da caixa. A caixa poderia então ser pesada novamente e, sabendo-se a mudança na massa, Einstein conseguiria calcular a energia do fóton usando $E = mc^2$. Consequentemente, ele saberia a mudança na energia bem como o momento preciso em que o fóton havia sido emitido, escapando assim do princípio da incerteza.

Aparentemente Bohr passou a noite em claro tentando pensar numa resposta para a caixa de luz de Einstein. Então, a resposta chegou a ele. O fóton, entendeu Bohr, recuaria ao

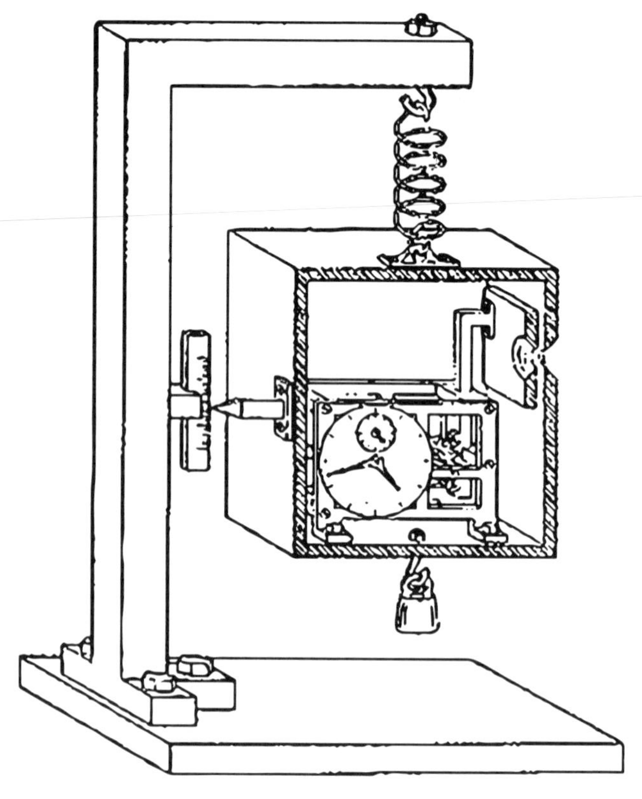

A caixa de Einstein continha radiação eletromagnética e um relógio que controlava a abertura de um obturador.

ser lançado para dentro da caixa, provocando então incerteza em relação à posição do relógio no campo gravitacional terrestre. Já que o próprio Einstein tinha, na teoria da relatividade geral, mostrado que os relógios andam em ritmo mais lento em um campo gravitacional, haveria incerteza no horário registrado pelo relógio. Einstein acabou caindo na própria armadilha esquecendo-se de sua própria teoria!

Ação-fantasmagórica a distância

Em 1935, Einstein, em colaboração com seus colegas Boris Podolsky e Nathan Rosen, introduziu outro experimento mental que argumentava que a mecânica quântica não era uma teoria completa da física. Conhecido hoje como o "paradoxo de EPR" em homenagem aos três colaboradores, o experimento mental foi pensado para lidar com uma característica peculiar da mecânica quântica chamada emaranhamento quântico. Este dizia que o resultado da medição de uma partícula de um sistema quântico emaranhado pode ter um efeito instantâneo sobre outra partícula, independentemente da distância entre as duas.

Conforme já visto, um dos principais fundamentos da mecânica quântica é o conceito de incerteza – não conseguimos medir todas as características de um sistema simultaneamente, nem mesmo em teoria. Não conseguimos saber, por exemplo, posição e momento, de modo que temos de optar por medir um ou outro, mas não os dois juntos. Outra propriedade da mecânica quântica é o chamado emaranhamento. Em um exemplo de emaranhamento quântico, é permitido que dois fótons interajam de modo a poderem, subsequentemente, ser definidos por uma única função de onda. (Como isso é realizado não nos interessa no momento)

Uma vez separados, eles ainda compartilharão essa função de onda única. Isso significa que a medição de um irá determinar o estado do outro – por exemplo, se os dois *quanta* estiverem em um estado de emaranhamento com *spin* zero, e uma partícula for medida como estando em um estado de *spin* para cima, então a outra é instantaneamente forçada a estar em um estado de *spin* para baixo. Isso é oficialmente conhecido como comportamento "deslocalizado". Einstein o chamou de "ação-fantasmagórica a distância".

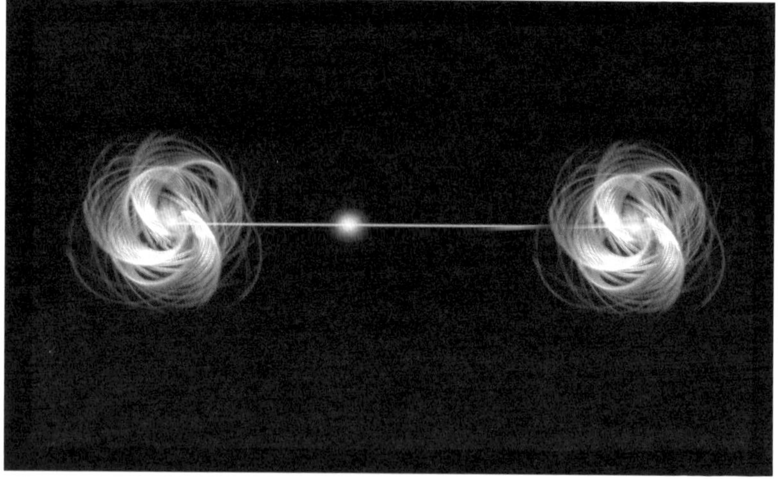

Emaranhamento quântico.

Einstein aceitava que a mecânica quântica seria capaz de prever de forma acurada os resultados de vários experimentos. Ele sabia que ela não estava "errada"; porém, ele argumentava que ela ainda não estava completa e o paradoxo de EPR era mais uma tentativa de demonstrar isso – o artigo foi simplesmente intitulado, "Poderia a Descrição da Realidade Física feita pela Mecânica Quântica ser Considerada Completa?". Einstein sugeriu que existiam propriedades do sistema quântico que ainda estavam por ser descobertas, o que ele chamou de "variáveis ocultas", que uma vez conhecidas dariam conta das observações e explicariam a "ação-fantasmagórica". Bohr, naturalmente, discordava da visão de Einstein e defendia fervorosamente a interpretação de Copenhagen da mecânica quântica.

Einstein e seus coautores partiram da premissa de que se houvesse alguma maneira de sabermos com absoluta certeza a posição de uma partícula, sem interferir com ela, observando-a diretamente, então poderíamos dizer que a partícula existe de fato, independentemente de nossas observações.

Se tivermos duas partículas quânticas emaranhadas, então podemos pegar as medições de uma partícula que já nos dá informações sobre a segunda partícula sem absolutamente interferir com ela. Medindo-se, digamos, o momento da primeira partícula, saberemos precisamente o momento da segunda partícula, podendo fazer o mesmo para as demais propriedades como, por exemplo, a posição.

SPIN

Nos anos 1920, Otto Stern e Walther Gerlach realizaram uma série de importantes experimentos na Universidade de Hamburgo. Sabedores de que todas as cargas em movimento produzem campos magnéticos, eles queriam medir os campos magnéticos produzidos pelos elétrons que orbitavam em torno dos núcleos dos átomos. Os físicos ficaram surpresos ao descobrirem que os próprios elétrons atuavam como se estivessem girando em torno de si mesmos muito rapidamente, produzindo diminutos campos magnéticos independentes daqueles resultantes de seus movimentos orbitais. Logo foi usado o termo "*spin*" para descrever essa aparente rotação de partículas subatômicas. Isso não deve ser tomado para significar que os elétrons são pequenos corpos sólidos girando no espaço atômico – eles não são.

Portanto, a segunda partícula, que não foi observada diretamente, possui propriedades conhecidas. Ela tem uma posição que é real e um momento que é real. Já que a mecânica quântica nos diz que não podemos conhecer essas duas propriedades, então parece que a maneira pela qual a mecânica quântica descreve a realidade é, de fato, incompleta.

A alternativa, Einstein e seus colegas argumentam, era pressupor que o processo de medição da primeira partícula altera a realidade da segunda, fazendo com que ela instantaneamente se adéque à realidade da primeira partícula, mesmo que elas estivessem separadas por anos-luz de espaço. "Não se pode esperar que nenhuma definição de realidade razoável permita isso", afirmaram eles.

Em uma carta para Werner Heisenberg, Wolfgang Pauli expressou de forma bem direta sua opinião:

> *"Einstein expressou mais uma vez publicamente sua opinião sobre a mecânica quântica (juntamente com Podolsky e Rosen – companhia nada boa, por sinal). Como é sabido, toda vez que isso acontece, é uma catástrofe."*

Quando o artigo de EPR chegou às mãos de Niels Bohr, sabia que teria de encontrar uma réplica para Einstein. De acordo com um dos colegas de Bohr em Copenhagen, tal artigo caiu sobre eles como "um raio que veio do nada... Todo o resto foi abandonado. Temos de esclarecer tal mal-entendido de uma vez por todas". Não era uma tarefa fácil. Foram seis semanas de noites mal dormidas antes que Bohr finalmente estivesse pronto para dar sua resposta.

Bohr admitiu que no artigo de Einstein "fica claro que não há nenhuma perturbação mecânica do sistema investigado". Até então Bohr vinha afirmando que a perturbação provocada por uma medição feita de uma partícula levava à incerteza quântica. Agora, ele recuou em relação à sua posição. Em várias discussões nas Conferências Solvay ele normalmente rejeitava os experimentos mentais de Einstein recorrendo ao princípio da incerteza. Agora, em vez disso, ele usou o conceito da complementaridade. Os aspectos mais importantes de um experimento quântico, disse ele, eram as condições sob as quais ele era realizado. Se escolhermos um conjunto de condições, por exemplo, um experimento envolvendo propriedades de onda, então as propriedades de onda seriam o que veríamos. Caso escolhamos algo diferente, então seria revelado um aspecto complementar às propriedades de ondas. Nenhum desses elementos, achava Bohr, estavam presentes no experimento mental de EPR e, por esta razão, ele falhou na tentativa de refutar a interpretação de Copenhagen da mecânica quântica.

Se as duas partículas estão emaranhadas, argumentou Bohr, então elas formam efetivamente um sistema único que possui uma única função quântica. Além disso, observou ele, o artigo de EPR de forma alguma invalidava o princípio da incerteza. Continuava não sendo possível conhecer tanto a posição exata quanto o momento preciso de uma partícula ao mesmo tempo. Se conhecermos a posição de A, então saberíamos a posição de B e, se conhecemos o momento de A, saberíamos o momento de B. Mas o que ainda não poderíamos fazer era saber precisamente as duas coisas ao mesmo tempo para A; portanto, não poderíamos saber para B também. Não existia nenhum conflito com o princípio da incerteza.

Einstein continuou a insistir que ele suspeitava de algo. A teoria da gravidade de sua própria autoria não permitia uma "ação-fantasmagórica a distância". Ele a havia descartado para a lei da gravidade de Newton e ele não a permitiria para a mecânica quântica. Esta última, mantendo sua posição, violava dois princípios fundamentais. O princípio da separabilidade, que sustenta que os dois sistemas separados no espaço possuem existência independente; e o princípio da localidade, que diz que fazer algo em um sistema não pode afetar imediatamente o segundo sistema.

A caixa de Einstein, o gato de Schrödinger

Erwin Schrödinger estava entre aqueles que apoiavam Einstein em sua oposição à interpretação de Copenhagen. Ele disse o seguinte sobre o artigo de EPR: "Como um lúcio[1] em um pequeno lago cheio de peixinhos dourados ele instigou todo mundo". Ele acreditava que suas equações de onda haviam sido mal empregadas e, por vezes, achava que teria sido melhor que jamais as tivesse desenvolvido. Num dado momento ele disse o seguinte sobre a mecânica quântica: "Eu não gosto dela e sinto muito se alguma vez tive alguma coisa a ver com ela". Em uma carta a Schrödinger em 1928, Einstein queixou-se:

> *"A tranquilizante filosofia de Heisenberg–Bohr... oferece um travesseiro macio para o crente do qual ele não poderá ser facilmente despertado."*

Einstein achava que o princípio da incerteza de Heisenberg poderia ser uma demonstração dos limites que a natureza impõe naquilo que podemos saber sobre um objeto quântico. Entretanto, ele acreditava que tais limites não deveriam

---

1 Peixe da fam. dos esocídeos (Esox lucius), encontrado em rios e lagos europeus, que atinge 1,5 m de comprimento. Fonte: Dicionário eletrônico Houaiss da Língua Portuguesa.

ser considerados para implicar que não havia uma realidade mais determinística e profunda, apenas que nos foi negado o acesso a ela.

Em 1935, Einstein compartilhou um experimento mental com Schrödinger que ilustrava porque ele se sentia tão desconfortável com as funções de onda e probabilidades. Imagine duas caixas, disse ele; uma contém uma bola e a outra está vazia. Antes de olharmos dentro de uma das caixas, há uma chance de 50% de encontrar a bola. Depois de olhar, a chance de ela lá se encontrar será ou de 100% ou então de 0%. Mas, na realidade, a bola sempre esteve dentro de uma das caixas com uma probabilidade de 100%. Escreveu Einstein:

> *"A probabilidade é de 50% de que a bola esteja na primeira caixa. Seria esta uma descrição completa? NÃO: Uma descrição completa é aquela que diz que a bola está (ou não está) dentro da primeira caixa... SIM: Antes de eu abri-las, de nenhum jeito a bola está em uma das duas caixas. O fato de estar em uma determinada caixa é revelado apenas quando levanto as tampas."*

Fica claro que Einstein favoreceu a primeira resposta e não a segunda da mecânica quântica. Niels Bohr e a interpretação de Copenhagen diriam que a bola existe em um estado de superposição, que ocupa ambas as caixas até que se olhe e observe em qual delas ela está. O ato da observação define a escolha.

A resposta de Einstein se baseia no senso comum, mas como ele mesmo havia demonstrado com suas teorias da relatividade, senso comum nem sempre é um guia confiável para o funcionamento da natureza.

Schrödinger concebeu um experimento mental próprio, que passaria a fazer parte do folclore quântico. Ele examinou um conceito básico da física quântica; este era que o momento da emissão de um nêutron em um núcleo em decaimento radioativo é indeterminado até que ele seja observado. No mundo quântico, o núcleo existe simultaneamente tanto no seu estado de decaimento quanto no seu estado de não decaimento até que a observação colapse sua função de onda e ele se torne um ou o outro. Trata-se de um estado de coisas que aceitaríamos com muita relutância como sendo verdadeiro no estranho domínio do *quantum*, mas como esses estranhos comportamentos podem ser transportados para o mundo "real"?

Em seu experimento mental, Schrödinger colocou a seguinte questão: quando o sistema muda de seu estado de superposição para uma realidade definida?

Que entre o gato.

"Um gato é fechado em uma caixa", escreveu Schrödinger, "juntamente com o seguinte dispositivo: em um contador Geiger há uma diminuta quantidade de substância radioativa, tão pequena que, talvez no curso da primeira hora um dos átomos decaia, mas também, com igual probabilidade, talvez nenhum: se isso ocorrer... um relé (interruptor) libera um martelo que reduz a cacos um pequeno frasco de ácido cianídrico".

Schrödinger explicava que a função de onda do sistema como um todo expressaria a situação se nela estivesse contida o gato no estado vivo ou morto. Einstein e Schrödinger estavam contentes pelo fato de seus experimentos mentais terem demonstrado seus propósitos – que decididamente havia algo que não estava certo em relação à interpretação de Copenhagen. Einstein disse que a função de onda que "contém o gato vivo bem como o gato morto simplesmente não pode ser considerada como uma descrição do real estado das coisas".

Em 1948, ele escreveu para Max Born:

> *"Você acredita em um Deus que joga dados e eu em leis perfeitas do mundo das coisas que existem como objetos reais, que eu tento compreender de forma inteiramente especulativa."*

Para Niels Bohr, não havia razão alguma para as regras da física clássica, que determinam o que acontece no mundo cotidiano ao nosso redor, também se aplicarem à esfera quântica. O que os físicos quânticos estavam descobrindo

Max Born.

era simplesmente a maneira como as coisas eram, Einstein gostando ou não. A certa altura, Bohr aparentemente teria dito de modo exasperado a Einstein: "Pare de dizer a Deus o que ele deve fazer!".

Born, expressando o desapontamento sentido por muitos físicos, disse sobre Einstein que ele foi

> *"um pioneiro no afã de frear a indomesticabilidade dos fenômenos quânticos. Contudo, mais tarde, quando fora do seu próprio trabalho surge uma síntese de princípios estatísticos e quânticos que pareciam aceitáveis para quase todos os físicos, ele se manteve distante e cético. Muitos de nós considera isso uma tragédia – para ele, já que, recluso, caminha às cegas, e para nós, que perdemos nosso líder e apoiador de sempre".*

Einstein jamais aceitou as probabilidades e as incertezas da mecânica quântica e procurou, ao longo de sua vida, encontrar uma ordem subjacente. Não obstante, a mecânica quântica manteve-se de pé diante de experimentos ao longo dos anos desde a morte de Einstein, e tudo indica que este último estava errado. Como comentou Stephen Hawking em uma palestra, no ano de 1997:

> *"Einstein estava confuso, e não a teoria quântica."*

CAPÍTULO 22

Teria Sido Einstein o "Pai da Bomba Atômica?"

Que papel teve Einstein no desenvolvimento da bomba atômica?

Quando pensamos na famosa equação de Einstein $E = mc^2$, invariavelmente a conectamos com a invenção da bomba atômica. A primeira menção de Einstein como o "pai da bomba" foi, provavelmente em um artigo da *Time*. Em caso de dúvida, na capa da edição de 1º de julho de 1946 da revista também figurava uma ilustração de Einstein contra o fundo de uma nuvem em forma de cogumelo produzida pela explosão de uma bomba atômica com "$E = mc^2$" impresso sobre ela.

Descoberta do átomo

Por volta da mesma época em que Einstein trabalhava na relatividade geral, Ernest Rutherford explorava a estrutura do átomo no Cavendish Laboratory, em Cambridge, Inglaterra. Em 1907, Rutherford elaborou um experimento para demonstrar que o átomo tinha um centro, que ele chamou de núcleo. Isso foi apenas dois anos depois do artigo de Einstein sobre o movimento browniano ter confirmado a

Ernest Rutherford.

existência dos átomos. Em 1919, ano em que as observações de eclipses feitas por Arthur Eddington terem confirmado a relatividade geral, Rutherford havia sido bem-sucedido na transformação de nitrogênio atômico em hidrogênio ou, como seus artigos colocam, "fissão do átomo".

Um dos alunos de Rutherford era Niels Bohr, que formulara o modelo da estrutura atômica que explicava a liberação de fótons de diferentes energias. Isso se coadunava com a ideia de Einstein de que a luz era um fluxo de partículas.

Os cientistas começaram a buscar evidências de que a equação de Einstein $E = mc^2$ estava correta. O químico e físico Francis Ashton, pesquisador em Cavendish, realizou cuidadosas medições dos pesos atômicos dos elementos e surpreendeu-se ao descobrir que havia uma diminuta quantidade de massa faltando. Isso, acreditava ele, era a energia que mantinha os átomos unidos, que ele denominou energia de ligação. Ele calculou que se fosse possível transformar o hidrogênio, o elemento mais leve, em hélio, o mais leve seguinte, 1% da massa seria aniquilada e liberada na forma de energia. De acordo com a fórmula de Einstein, haveria energia suficiente em um copo d'água para propelir um navio a vapor através do Atlântico e para trazê-lo de volta.

Réplica de um primitivo espectrômetro de massa, usado para medir a razão massa-carga de uma ou mais moléculas presentes em uma amostra.

Esta foi a primeira vez que a equação de Einstein foi associada à pesquisa atômica. Mas como os cientistas poderiam ter acesso àquele vasto e inexplorado reservatório de energia? Muitos acharam isso pouco provável, entre os quais Rutherford, que em um discurso em 1933 descartou a ideia considerando-a "mera fantasia". Como acabou se revelando, as tentativas de liberar a energia do átomo começaram a se mostrar promissoras bem no momento em que o mundo se encontrava à beira de uma guerra.

A jornada até a bomba

Um ano antes de tecer seu comentário "mera fantasia", uma inovação crucial havia sido alcançada no laboratório de Cavendish – a descoberta do nêutron no núcleo de um átomo. Os nêutrons são partículas altamente penetrantes; se núcleos atômicos tivessem que ser rompidos para liberarem sua energia, os nêutrons seriam as centelhas que acenderiam o fogo.

Em 1934, Irene Curie, filha de Marie, conseguiu criar um novo elemento radioativo. Em Roma, no mesmo ano, Enrico Fermi demonstrou que a desaceleração de nêutrons poderia torná-los mais eficazes como desintegradores de átomos. Em 1938, Otto Hahn, trabalhando em Berlim, ficou perplexo ao bombardear urânio com nêutrons, descobrindo que o que restara era bário. Em colaboração com a física austríaca Lise Meitner e seu sobrinho Otto Frisch, Hahn constatou que ao fissionar o átomo de urânio ele havia liberado parte de sua energia de ligação. Esta foi a primeira demonstração bem-sucedida da fissão nuclear.

Logo a notícia se espalhou na comunidade dos físicos. Um cientista que soubera da novidade, Leo Szilard, húngaro que trabalhava em Nova York, era amigo de Einstein. Com a ajuda de Einstein, Szilard obteve seu doutorado em física em Berlim. Ele era um teórico e, desde 1933, pesquisava a possibilidade de que um átomo fissionado por um nêutron poderia liberar dois ou mais nêutrons disparando, portanto, uma reação em cadeia. Junto com Fermi, Szilard demonstrou que esse era o caso em março de 1939.

Em Princeton, Niels Bohr havia determinado que o isótopo de urânio U-235 era o mais fácil de ser fissionado ao ser bombardeado com nêutrons. Mas isso gerou menos do que 1% do urânio natural e seria muito difícil para separá-lo. Mas se isso pudesse ser feito, alertou Bohr, seria possível gerar uma devastante explosão atômica.

Enquanto isso, na Alemanha, físicos estavam perseguindo as mesmas ideias de Szilard. Ansioso sobre as implicações disso, Szilard pressionou para que fosse feito um embargo de segurança na divulgação de toda pesquisa nuclear que estava sendo feita nos Estados Unidos, Grã-Bretanha, França e Dinamarca. Ele estava certo em estar preocupado já que os nazistas iniciaram um programa de pesquisa sobre a fissão nuclear em abril de 1939.

Quando a notícia sobre a descoberta da fissão nuclear chegou ao físico teórico americano Robert Oppenheimer, ele declarou que isso seria "impossível". Mas depois de ser demonstrado a ele que o experimento funcionava de fato, ele imediatamente também começou a investigar as reações em cadeia. Em poucos dias, ele elaborou um esboço para uma bomba atômica. Oppenheimer iria em frente até planejar e organizar o *Manhattan Project*, codinome para o desenvolvimento ultrassecreto de uma bomba atômica pelas forças aliadas na Segunda Guerra Mundial.

Einstein e Roosevelt

Em 2 de agosto de 1939, Szilard visitou Einstein e o exortou a escrever para o presidente Roosevelt e inculcar nele a necessidade para que se iniciasse o trabalho de desenvolvimento de armas nucleares. Essa visita levou à carta assinada por Einstein que foi enviada a Roosevelt em 11 de outubro de 1939. Nela Einstein alertou da possibilidade de se conseguir uma reação em cadeia no urânio no futuro próximo, gerando uma energia enorme. Escreveu ele:

> *"Este novo fenômeno também levaria à construção de bombas, e é concebível – embora muito menos certo – que bombas extremamente poderosas desse tipo possam, consequentemente, ser construídas. Uma única bomba desse tipo, transportada por navio e explodida em um porto, poderia muito bem destruir o porto inteiro junto com parte do terreno ao seu redor. Entretanto, tais bombas poderiam muito bem mostrar-se muito pesadas para serem transportadas por via aérea."*

Einstein prosseguiu sugerindo que a Alemanha nazista já poderia estar desenvolvendo uma pesquisa dessas. O presidente Roosevelt respondeu dizendo que "achei os dados de tal relevância que convoquei um conselho... para investigar minuciosamente as possibilidades de sua sugestão referente ao elemento urânio".

De acordo com o biógrafo de Einstein, Abraham Pais, as opiniões se dividem quanto ao grau de influência que a carta de Einstein teria tido na decisão de Roosevelt. Pais acreditava que foi pequeno, destacando que muito embora Roosevelt tenha nomeado um comitê consultivo, ele não deu o "seguir em frente" para o desenvolvimento de armas atômicas em larga escala até outubro de 1941. E não antes de 6 de dezembro de 1941, dia anterior ao ataque japonês a Pearl Harbor, que o *Manhattan Project* foi lançado.

O REFRIGERADOR DE EINSTEIN

Em 1930, Einstein e Szilard atribuíram a si mesmos a tarefa de inventar um refrigerador doméstico silencioso. Parte da criação deles era a assim chamada bomba Einstein–Szilard, mais tarde descrita por Einstein como um dispositivo que usava corrente alternada para gerar um campo magnético orientado que movia uma mistura líquida de sódio e potássio. Tal mistura, de acordo com Einstein, "se movimenta em direções alternadas dentro de uma carcaça e atua como o pistão de uma bomba; o refrigerante [dentro da carcaça] é, por consequência, mecanicamente liquefeito, e o frio é gerado por sua re-evaporação". O refrigerador de Einstein–Szilard jamais foi comercializado, em parte porque havia perigo do refrigerante tóxico vazar.

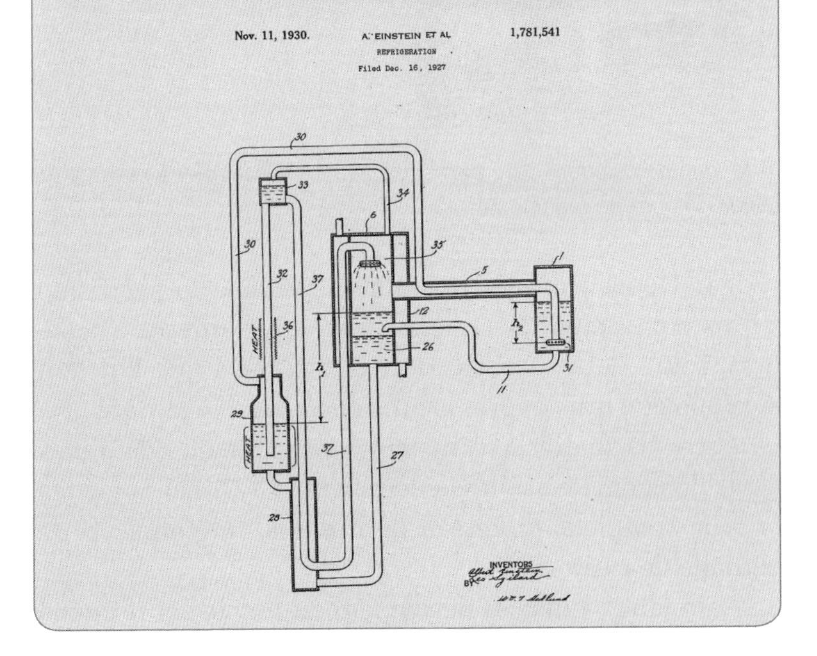

Embora ele tenha desempenhado um papel em colocá-lo em andamento, Einstein jamais trabalhou diretamente no *Manhattan Project*. Ele não foi convidado para fazer parte dele nem mesmo foi oficialmente informado de sua existência.

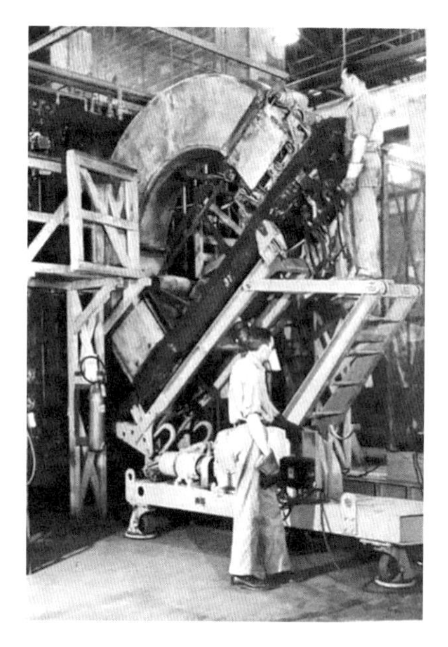

Um tanque de calutron[2] para partículas alfa – espectrômetro usado para separar isótopos de urânio.

J. Edgar Hoover, diretor do FBI, suspeitava do pacifismo de Einstein e acreditava que ele fosse uma ameaça à segurança. Entre outras coisas, Hoover afirmava que Einstein havia apoiado um congresso anti-guerra em 1932 e era pro-soviético. Na realidade, Einstein havia se recusado a participar do congresso e havia denunciado a União Soviética por "sua completa supressão de direitos individuais e da liberdade de expressão".

Entretanto, Einstein desempenhou um papel pequeno no *Manhattan Project*. Vannevar Bush, um dos cientistas-chefe do projeto, pediu ajuda a Einstein para um problema

2 Calutron. Nome derivado de California University Cyclotron. Trata-se de um cíclotron eletromagnético baseado no princípio do espectrógrafo de massa. Destina-se à separação de isótopos. (N.T.)

envolvendo a separação de isótopos. Depois de trabalhar por dois dias em um processo em que urânio era convertido em gás e forçado através de filtros, Einstein enviou-lhe um relatório. Os cientistas envolvidos estavam desejosos que fosse dado a Einstein um papel de maior relevo no projeto, mas Bush recusou: "Gostaria muito de apresentar tudo a ele e abrir-me com ele", escreveu Bush, "mas isso é simplesmente impossível tendo em vista a atitude do pessoal aqui em Washington".

Em dezembro de 1944, Einstein recebeu a visita de seu amigo Otto Stern, que vinha trabalhando no *Manhattan Project*. Quando Stern lhe contou que o projeto estava próximo de sua conclusão, Einstein decidiu escrever a Niels Bohr a respeito de sua preocupação pelo controle de armas atômicas no futuro. "Os políticos não pesam as possibilidades e, consequentemente, não sabem a extensão da ameaça", escreveu ele. Bohr visitou Einstein e lhe aconselhou a ser cauteloso em externar seus pontos de vista abertamente, alertando-o sobre "as consequências mais deploráveis" caso informações sobre o desenvolvimento da bomba viessem a público. Einstein concordou.

Em 6 de agosto de 1945, uma bomba atômica apagou do mapa a cidade japonesa de Hiroshima. Einstein estava em uma pequena casa de campo alugada, em Adirondacks, quando soube da notícia. Dias depois, após o lançamento de uma segunda bomba, agora sobre Nagasaki, foi emitido um relatório detalhando o desenvolvimento da bomba. Para grande consternação de Einstein, foi dada grande ênfase à sua carta para Roosevelt. Esta foi uma das razões para o imaginário coletivo ter associado Einstein à bomba, mesmo tendo tido ele pequena participação em seu desenvolvimento.

Hiroshima depois da explosão da bomba atômica pelos EUA.

O LEILÃO DE EINSTEIN

Para ajudar a campanha de guerra, Einstein colocou para leiloar uma cópia de seu artigo sobre a relatividade especial. Não era o original – Einstein havia jogado fora o original depois de este ter sido publicado. Para recriar o manuscrito, fez com que sua assistente, Helen Dukas, o lesse para ele em voz alta enquanto ele o transcrevia para o papel. O manuscrito, juntamente com um outro, foi vendido por US$ 11,5 milhões.

Pós-guerra

Em entrevista concedida à revista *Newsweek*, Einstein declarou:

> *"Soubera eu que os alemães não teriam sucesso na produção de uma bomba atômica, jamais teria movido uma palha."*

Em dezembro de 1945, disse em público:

"A primeira bomba atômica destruiu mais do que a cidade de Hiroshima. Ela também detonou nossas ideias políticas herdadas e antiquadas."

Einstein foi presidente do Comitê de Emergência dos Cientistas Atômicos, grupo que se reuniu entre 1946 e 1949.

Nos estatutos do grupo, declarou acreditar na necessidade de

"promover o uso da energia atômica em formas que beneficiem a humanidade [e] difundir conhecimento e informações referentes à energia atômica... de modo que cidadãos bem embasados possam, de forma inteligente, determinar e moldar suas ações em seu prol bem como de toda a humanidade."

CAPÍTULO 23

Seremos Capazes de Encontrar uma Teoria de Tudo?

Hoje em dia, teóricos continuam buscando uma forma de unir relatividade e mecânica quântica. Estariam eles próximos de encontrar uma resposta?

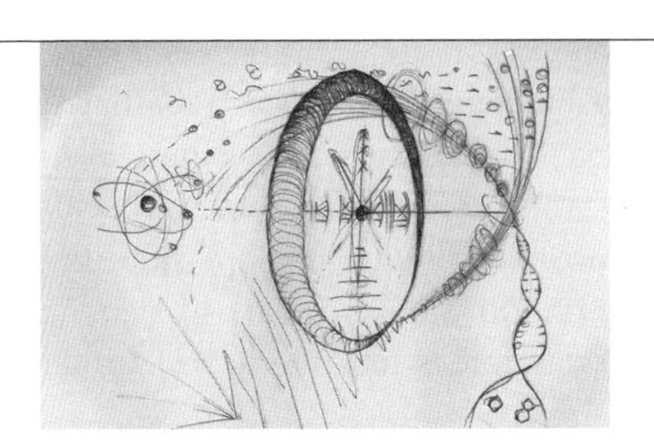

As teorias da relatividade de Einstein fornecem uma estrutura para entender o universo na escala de estrelas e galáxias. A teoria quântica descreve como funciona o universo na escala dos átomos e partículas atômicas. Ambas as teorias foram testadas em níveis de precisão inimagináveis e elas parecem funcionar; porém, perdura o problema de que ainda temos de encontrar uma maneira de uni-las. Se a mecânica quântica for usada com a relatividade geral para calcular a probabilidade da ocorrência de um processo envolvendo a gravidade, a resposta obtida é uma probabilidade infinita. Qualquer resposta acima dos 100% de probabilidade não faz sentido. Apenas demonstra que combinar relatividade geral e mecânica quântica simplesmente não funciona.

Einstein despendeu os últimos 30 anos de sua vida tentando encontrar uma maneira de unir eletromagnetismo e gravidade, porém, jamais conseguiu. Ele estava convencido de que teria de existir uma teoria única que pudesse englobar todos os fenômenos físicos do universo. Em conferência por ocasião do seu aceite do Prêmio Nobel, ele disse:

> *"O intelecto que busca uma teoria integrada não pode se contentar com o pressuposto de que existem dois campos distintos totalmente independentes entre si por causa de suas naturezas."*

Quando Einstein começou a trabalhar em uma teoria unificada dos campos nos anos 1920, eletromagnetismo e gravidade eram as únicas forças conhecidas e as únicas partículas subatômicas que haviam sido descobertas eram o elétron e o próton. Hoje em dia, os físicos sabem que existem outras duas forças (ou interações) fundamentais; uma força nuclear forte que une os núcleos atômicos e uma força nuclear fraca que governa o decaimento radioativo. Há também uma verdadeira fauna de partículas como *quarks*, múons, glúons e neutrinos.

Nos tempos de Einstein, a maior parte dos físicos parecia não estar muito preocupada em formular uma teoria que unificasse eletromagnetismo e gravidade. Em vez disso, o foco era no estranho e maravilhoso novo mundo da mecânica quântica que havia acabado de ser inaugurado para exploração.

Mas Einstein não estava completamente só em sua busca; vários outros cientistas voltaram sua atenção para o problema da unificação. Em 1918, o matemático alemão Hermann Weyl propôs um esquema de unificação baseado em uma generalização da geometria do espaço curvo que Einstein havia usado para desenvolver sua teoria da relatividade geral. Inspirado no trabalho de Weyl, outro matemático alemão, Theodor Kaluza, demonstrou que se o espaço-tempo fosse estendido para cinco dimensões, então quatro delas abarcariam as equações da relatividade geral de Einstein, enquanto a quinta dimensão seria o equivalente das equações de Maxwell para o eletromagnetismo. Oskar Klein determinou posteriormente que a quinta dimensão seria curvada e ficaria tão pequena que nós não seríamos capazes de detectá-la.

Einstein gostou da ideia da abordagem de cinco dimensões. Em 1919, ele escreveu para Kaluza:

> *"A ideia de se alcançar a unificação por meio de um mundo cilíndrico de cinco dimensões jamais me veio à mente... À primeira vista gostei muito de sua ideia."*

Einstein também explorou a abordagem de estender a relatividade geral para incluir o eletromagnetismo, mas ainda mantendo a geometria de quatro dimensões do espaço--tempo. Ele perseverou com ambas as ideias pelos últimos trinta anos de sua vida, mas nunca encontrou as respostas que buscava. "Grande parte de minha criação intelectual acabou indo terminar, muito precocemente, no cemitério das esperanças frustradas", lamentou ele em 1938.

Einstein continuou a refinar suas ideias em uma teoria unificada e, ao mesmo tempo, tentando solucionar o que ele identificava como problemas em sua teoria da relatividade geral como, por exemplo, prever a existência dos buracos negros.

Uma infeliz consequência dessa busca pela unificação foi que, até certo ponto, isso o isolou do restante da comunidade de físicos. Havia muitos físicos que pensavam que Einstein não havia contribuído com nada relevante para a área em seus últimos vinte anos de vida.

Particularmente, a antipatia de Einstein em relação à mecânica quântica talvez o tenha afastado de algumas promissoras linhas de pesquisa. Em grande parte, sua convicção de que a mecânica quântica era falha o encorajou em sua busca pela unificação. Ele acreditava, indubitavelmente, em um universo que existia de forma independente e que não teria que ser observado para tomar forma, conforme queria a mecânica quântica. "Você realmente acredita que a Lua não estaria lá a menos que a estivéssemos observando?", perguntou ele.

Einstein estava ciente deste ponto fraco em sua forma de tratar a mecânica quântica, comentando em 1954 que

> *"Devo parecer-me com um avestruz que mantém sua cabeça enterrada para sempre na areia relativística para não ter de enfrentar os funestos quanta."*

Mais para o final da vida e, quem sabe, dando-se conta de que sua busca provavelmente seria infrutífera, ele escreveu:

> *"Isolei-me e dediquei-me a problemas científicos com poucas chances de serem solucionados; o pior, desde então, como um ancião, permaneci alienado da sociedade."*

Talvez Einstein simplesmente estivesse à frente do seu tempo. Décadas depois de sua morte a busca por uma "Teoria de Tudo" tornou-se um Santo Graal para muitos físicos.

O Modelo Padrão

Durante as décadas de 1960 e 1970, físicos dedicados à física de partículas descobriram que há duas pedras fundamentais da matéria – as partículas elementares (ou fundamentais) conhecidas como *quarks* e léptons. Os *quarks* são sempre

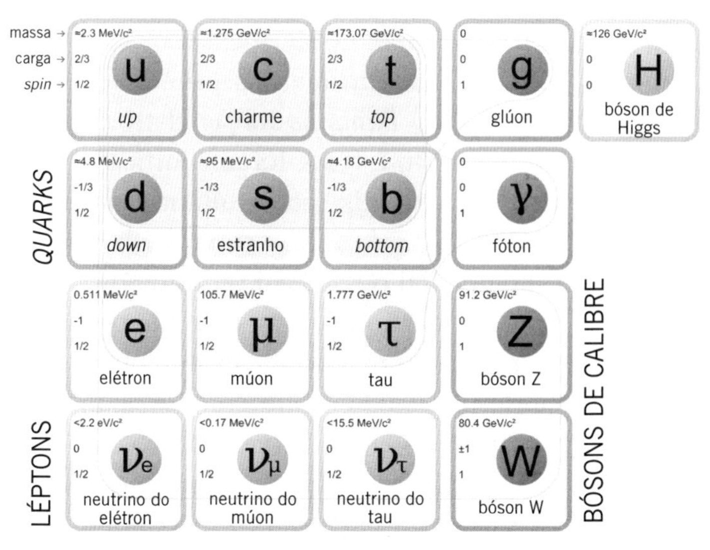

O modelo padrão de partículas elementares.

encontrados no interior de partículas maiores, como prótons e nêutrons. Eles jamais são encontrados isolados na natureza e sempre estão ligados a outros *quarks*, mantidos juntos pela força nuclear forte de curto alcance. Os léptons, entre os quais o elétron, não são afetados pela força nuclear forte. Entretanto, tantos os *quarks* quanto os léptons são afetados pela força nuclear fraca que é responsável por certos tipos de radioatividade. A força nuclear forte é mais forte do que a força eletromagnética a distâncias menores do que um átomo. A gravidade é a mais fraca das quatro forças fundamentais, porém, ela atua a distâncias infinitas. A força eletromagnética é muito mais forte do que a gravidade e possui um alcance infinito.

Em 1968, Sheldon Glashow, Steven Weinberg e Abdus Salam anunciaram uma teoria unificada do eletromagnetismo e a força nuclear fraca. A teoria eletrofraca, como foi chamada, sugeria que a força nuclear fraca era transportada por partículas chamadas bósons W e Z. Estes foram subsequentemente descobertos nos anos 1980.

Hoje os físicos acreditam que nos primórdios do universo, logo depois do *Big Bang*, as forças eletromagnéticas e as forças nucleares forte e fraca foram unificadas. Todas estas três forças fundamentais são resultantes da troca de partículas transportadoras de forças como os bósons W e Z. Cada força fundamental possui seu próprio bóson correspondente – a força nuclear forte é transportada pelo glúon e a força eletromagnética é transportada pelo fóton. O Modelo Padrão da física de partículas, assim como é chamado, foi desenvolvido no início dos anos 1970 e explica como a força eletromagnética, a força nuclear forte e a força nuclear fraca, juntamente com todas suas partículas transportadoras associadas, atuam em todas as partículas de matéria. Ele funcio-

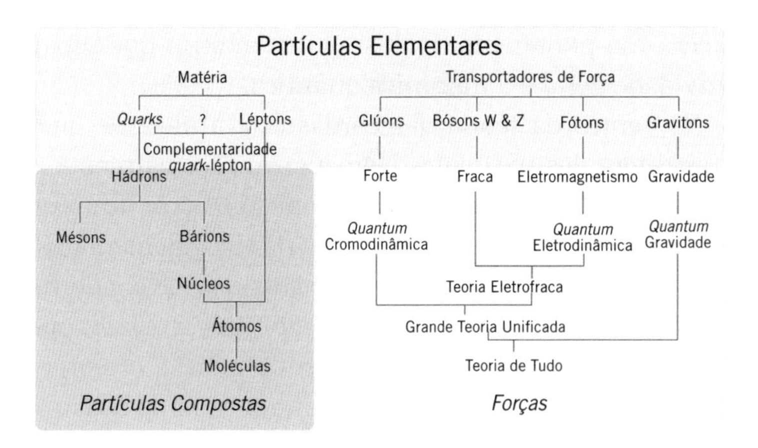

na muito bem, porém, possui suas limitações. Ainda parece não haver nenhuma maneira de combinar gravidade com mecânica quântica e a gravidade não faz parte do Modelo Padrão. Na escala em que a física de partículas opera, o efeito da gravidade é tão fraco a ponto de ser considerado insignificante, significando que sua exclusão não tem efeito algum nas previsões do Modelo Padrão.

Teoria das cordas

Atualmente, um dos candidatos mais promissores para uma teoria de tudo é a teoria das cordas. Ela não apenas promete uma teoria da gravidade na escala microscópica, mas também procura fornecer uma descrição unificada e consistente da estrutura fundamental do universo, unindo todas as quatro forças fundamentais e as partículas fundamentais do Modelo Padrão.

Em dezembro de 1984, John Schwarz, do California Institute of Technology em Pasadena, e Michael Green, do Queen Mary College, London University, publicaram um artigo demonstrando que a teoria das cordas poderia estabelecer uma ponte entre o abismo matemático que separa a relatividade geral e a mecânica quântica.

No centro da teoria das cordas está a ideia de que todas as diferentes partículas elementares são realmente apenas manifestações diversas de um objeto básico: uma corda. Desde o início do século XX, as partículas elementares da natureza, como elétrons, *quarks* e neutrinos, têm sido retratadas como exemplos de objetos os menores possíveis que se pode alcançar, sem nenhuma estrutura interna. A teoria das cordas desafia isso. Ela propõe que no núcleo de toda partícula se encontra um minúsculo filamento parecido com uma corda e que vibra. As diferenças entre uma partícula e outra – suas massas, cargas e outras propriedades – tudo depende das vibrações de suas cordas internas. Da mesma forma que um hábil violinista executando uma música, a natureza manifesta todas as partículas do domínio atômico através de mudanças na frequência de uma corda subatômica unidimensional.

Interessante notar que uma das "notas" da corda corresponde ao gráviton. O gráviton é uma partícula hipotética que, de acordo com a física quântica, deve transportar a força da gravidade de uma posição para outra, da mesma forma que o fóton faz para a força eletromagnética. Isso parecia ser uma maneira promissora de se ter a gravidade e a mecânica quântica operando juntas.

Mas afinal de contas, as cordas são ou não são "reais"? Poderíamos, por exemplo, ir ao CERN e observá-las no LHC (Large Hadron Collider) desta instituição? Infelizmente, isso não é possível. A matemática da teoria das cordas requer que as cordas sejam cerca de um quintilhão (10^{18}) de vezes menores do que qualquer coisa que os mais poderosos aceleradores de partículas do mundo já revelaram. A menos que, conforme diz o físico Brian Greene, consigamos construir "um colisor do tamanho da galáxia", não há esperança alguma de detectarmos cordas diretamente.

O QUE É GRAVIDADE?

Atualmente, os teóricos acreditam que duas descrições da gravidade são igualmente válidas. A primeira é que gravidade é o resultado da curvatura do espaço-tempo ocasionada pela matéria nele contida. A segunda diz que gravidade é uma troca de partículas de força gráviton. Graças a Einstein e à teoria geral, os físicos têm uma solução viável para a gravidade que envolve o campo gravitacional e forças gravitacionais como a curvatura do espaço-tempo, mas ainda não existe uma teoria da gravidade quântica envolvendo grávitons que seja tão bem elaborada e provada por experimento. A teoria das cordas sugere que poderiam existir grávitons, porém, até agora, não há nenhuma prova experimental disso.

Outra complicação da teoria das cordas é que suas equações exigem que o universo tenha dimensões espaciais adicionais para que elas funcionem. Aqueles que trabalharam na teoria das cordas usaram a ideia elaborada pela primeira vez por Kaluza e Klein nos primeiros anos do século XX quando tentavam associar a gravidade de Einstein ao eletromagnetismo. Talvez, sugeriram eles, o universo tenha as três grandes dimensões que todos nós conhecemos e nos movimentamos, mas também poderiam existir outras dimensões minúsculas enroladas dentro daquelas "normais" e que estão além de nossa capacidade de detecção.

Um grupo de teóricos sugeriu que pelo fato de as cordas serem tão pequenas elas irão vibrar não apenas nas "grandes" dimensões, mas também naquelas minúsculas. Audaciosamente, eles previram já que são as vibrações que determinam as propriedades das partículas elementares que podemos detectar experimentalmente, e as vibrações são determinadas pela forma das dimensões extras, deve existir uma forma de se fazer o caminho ao contrário para se chegar a um mapa dessas herméticas dimensões.

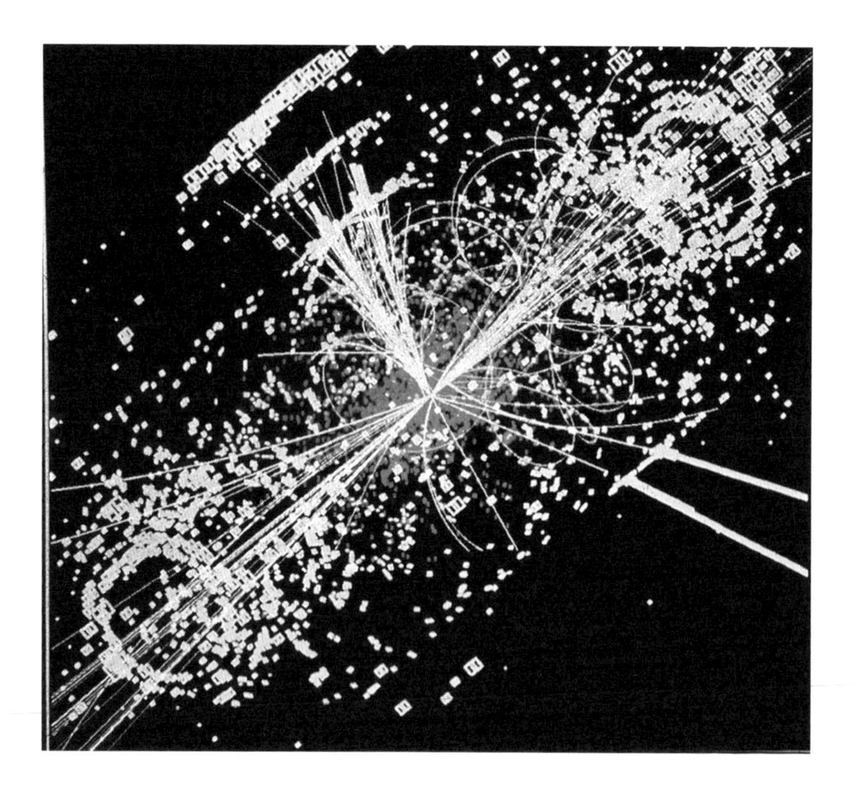

Infelizmente, o número de formas matematicamente admissíveis para as dimensões extras parece chegar à casa dos bilhões. O físico teórico Leonard Susskind sugeriu que se não existe nenhuma forma que seja correta, então talvez todas elas sejam. Talvez todas as formas sejam a forma correta dentro de seu próprio universo único. Nosso universo seria simplesmente um de vasta, quem sabe infinitas conformações, cada uma das quais com características que são determinadas pela forma de suas dimensões extras. As dimensões ocultas de "nosso" universo tornam possíveis as leis da física que levam à existência de estrelas e galáxias, elementos químicos, a própria vida em si. Em alguma outra configuração dimensional, se aplicariam leis diferentes e o universo seria um lugar muito diferente, provavelmente onde não existiria vida.

Estas excitantes ideias espelham avanços na cosmologia que sugeriam que o *Big Bang* talvez não tenha sido um evento único. Em vez disso, assim continua a teoria, teriam ocorrido infinitas explosões dando origem a uma infinidade de universos em expansão, denominada multiverso. Se Susskind estiver certo, talvez cada multiverso tenha seu próprio complemento único de dimensões compactas.

Pode alguma coisa disso ser verdade? Teoricamente sim, pode, embora jamais possamos ter alguma maneira de saber isso ao certo. Porém, a história da ciência demonstra que não devemos descartar ideias logo de cara simplesmente porque elas vão contra o que o "senso comum" sugere que devemos esperar. Com este tipo de atitude não teríamos adotado a física quântica ou Einstein e suas teorias da relatividade.

O que teria Einstein feito de tudo isto? Teria ele aceito a matemática da teoria das cordas ou teria ele encontrado, alguma falha nela e a rejeitado como fez com a mecânica quântica? Teria o homem que estava convencido de que "Deus não joga dados" aceito o conceito de uma infinidade de universos, características dos quais seriam determinadas por uma nova rodada de lançamento do dado cósmico? Jamais iremos saber, mas é provável que ele teria tido uma visão exclusiva disso.

Em 1953 escreve Einstein explicando:

> *"Todo indivíduo... deve manter sua maneira de pensar caso não queira se perder no labirinto das diversas possibilidades. Entretanto, ninguém pode ter certeza de ter tomado o caminho certo, muito menos eu."*

CRÉDITOS DAS IMAGENS

CERN/Lucas Taylor: 242
Getty Images: 183 (Ted Thai)
Hubble/ESA: 148, 151, 154, 156
NASA: 170, 173, 180
Science Photo Library: 86, 117, 133, 177, 219, 230
Shutterstock: 21, 26, 29, 30, 39, 51, 57, 59, 61, 62, 65, 75, 89, 101, 104, 111, 121, 126, 129, 137, 147, 158, 165, 166, 168, 175, 189, 207, 221, 233
Wellcome Images: 23, 34, 66

GRÁFICA PAYM
Tel. [11] 4392-3344
paym@graficapaym.com.br